别给人生设限

王桂兰　编著

吉林文史出版社
JILIN WENSHI CHUBANSHE

图书在版编目（CIP）数据

别给人生设限 / 王桂兰编著. -- 长春：吉林文
史出版社，2019.9（2023.9重印）

ISBN 978-7-5472-6470-6

Ⅰ．①别… Ⅱ．①王… Ⅲ．①成功心理－通俗读物
Ⅳ.①B848.4-49

中国版本图书馆CIP数据核字(2019)第153391号

别给人生设限

BIEGEI RENSHENG SHEXIAN

编　　著　王桂兰
责任编辑　魏姚童
封面设计　韩立强
出版发行　吉林文史出版社有限责任公司
地　　址　长春市净月区福祉大路5788号
网　　址　www.jlws.com.cn
印　　刷　天津海德伟业印务有限公司
版　　次　2019年9月第1版　2023年9月第3次印刷
开　　本　880mm×1230mm　　1/32
字　　数　145千
印　　张　6
书　　号　ISBN 978-7-5472-6470-6
定　　价　32.00元

前 言

人生不怕起点低，我有梦想我怕谁！没有人——包括你自己，可以给你的人生设限。如果我们仔细梳理中国当下的成功人士，就会发现：他们中的大多数并不是我们所想象中的命运宠儿。他们的曾经也如同你我一般，有过潦倒、痛苦、挣扎、失败、困惑。他们没有显赫的家世，没有名校的文凭。他们的起点，没有比我们高多少，有些甚至还要比我们低很多。

他们坎坷的成功之路告诉我们：即使你生来就一无所有，也完全可以做出一番大事业。人生最可怕的，是你自己认输，自己甘于平庸。有则寓言，说的是有人将一只跳蚤放进杯子里，然后在杯上加了一个玻璃盖。跳蚤想逃离"囚牢"，但每一次跳跃都重重地撞在玻璃盖上。一次次被撞，跳蚤渐渐变得"聪明"起来，它调整自己调高的高度以免撞疼自己。后来，即使是玻璃盖移开，跳蚤也不会跳出杯子了。难道跳蚤真的不能跳出这个杯子吗？当然不是，只是在屡屡被撞后，它为自己的跳高高度设限了。

生活中，你是否也在过着这样的"跳蚤人生"？你是否曾经意气风发，不成功名誓不还，但几次失败以后，就一再降低成功的标准。即便原有的一切限制已取消，如同"玻璃盖"被移走，但因为你已被撞怕了，或者习惯了，就甘愿忍受平庸的生活，不再跳上新的高度？

　　曾在报纸上看到一则报道，说的是泰国某马戏团不慎失火，一头大象居然挣脱脚上粗大的铁链，逃离了火海。如果没有那一场大火，恐怕大象和人都不知道它有那么大的潜力。你不必静候生命中一场大火来逼着自己挣断铁链，从现在开始，抛开那些你以为生命给你的限制，你也可以走得很远。

　　相信自己，相信未来。人生之所以有各种可能，那是在于你敢去想；各种可能要成为现实，那就得看你是否敢去做，甚至还得有点"明知不可为而为之"的决心。

目　录

第一章　生命的开始是一张白纸 ……………………………… 1

选择做一张白纸 ……………………………… 2

学会放空自己 ……………………………… 4

生命的开始姿态万千 ……………………………… 6

忽略那些人为的附加条件 ……………………………… 9

生命的成就在于你的态度 ……………………………… 13

人生充满了各种可能性 ……………………………… 16

绘出属于自己的人生蓝图 ……………………………… 18

第二章　只有想不到没有做不到 ……………………………… 21

那些你以为不可能的事 ……………………………… 22

真的很多事自己做不了吗？ ……………………………… 25

不要总想着不可能 ……………………………… 28

做一个有野心的人 ……………………………… 31

要迈开尝试的第一步 ……………………………… 35

不怕做不到，就怕想不到 ……………………………… 39

第三章　诠释独一无二的你 …………………………………… 41

不做别人的复制品 …………………………………………… 42

全面认识自己 ………………………………………………… 45

你所具有的优势 ……………………………………………… 49

认为自己很重要 ……………………………………………… 52

发掘自己的潜力 ……………………………………………… 55

没有满分的人 ………………………………………………… 59

选择适合自己的路 …………………………………………… 62

做最好的自己 ………………………………………………… 65

第四章　想法不被设限才可以看得更远 ……………………… 71

不要被固有思维所限制 ……………………………………… 72

跳过看似上天给你设置的高度 ……………………………… 76

不要用想象把恐惧放大 ……………………………………… 79

把恐惧转变为改变的力量 …………………………………… 82

不要自我设限 ………………………………………………… 86

不要三思而后行 ……………………………………………… 89

看问题不能只看表面 ………………………………………… 92

学会变通，人生可能是另一番境地 ………………………… 95

第五章　你可以超越之前的自己 ……………………………… 99

你最大的敌人是你自己 ……………………………………… 100

学会正视自己的缺点 ………………………………………… 103

忽略你无法控制的缺陷 ……………………………………… 106

缺点也可以是优点 …………………………………………… 108

不要把自己设定在固定环境 …………………… 111

人生要敢于冒险 …………………………………… 114

自己伸出去的拳头才给力 ………………………… 118

没有条件就自己创造条件 ………………………… 121

第六章　不要被困难所吓倒 …………………… 125

世上没有一帆风顺的事业 ………………………… 126

不要轻易被困难击溃 ……………………………… 128

找到自己的备份 …………………………………… 132

希望不是可以等来的 ……………………………… 134

不必害怕人生低谷 ………………………………… 136

从来没有真正的绝境 ……………………………… 139

最坏的结果也不过如此 …………………………… 142

第七章　失败是为了更好的成功 ……………… 145

逆境让人更容易成长 ……………………………… 146

放弃之前多坚持一下 ……………………………… 150

失败是过程而非结果 ……………………………… 154

谁都不可以放弃自己 ……………………………… 160

不要为自己的失败找借口 ………………………… 163

在苦难中依然努力 ………………………………… 168

你对自己越苛刻，生活对你越宽容 …………… 173

解决困难的办法总是会更多 ……………………… 176

不留后路更能绝处逢生 …………………………… 179

第一章

生命的开始是一张白纸

　　没有人知道生命为我们预备了什么，要成长为怎样的人全凭自己后天的创造。生命的开始就像一张白纸，你可以尽情地在上面描绘你所想要的样子。也许你没有别人的先天条件好，但是这只能说明不过是起点低，要达到和别人一样甚至更高的高度，你可以更努力地跳。

选择做一张白纸

桌上有一只储钱罐和一张白纸，储钱罐在书桌的一端，白纸平平地铺在中间，储钱罐每次看到白纸都一副鄙夷的样子。一天它终于按捺不住内心的骄傲，挺了挺装满硬币的肚子，装出一副大款的腔调说："哎呀，白纸先生，你一无所有，难道不感到空虚吗？瞧我，肚子里有钱，跟你比起来我真是太富有了。"白纸说："我并不感到空虚，正因为我现在是空白的，我的未来才有机会变得更加丰富。"储钱罐听了，露出一丝不屑的笑。

一会儿，主人回来了，他今天很高兴，出门时遇到多年未见的故人。两人都觉得意外之余，更多的是惊喜，然后一番痛快地交流，回到家中，心中顿时感慨万分，就提起笔在白纸上写下了两行精美的字，然后裱成条幅挂在书房里，原来这家的主人是个书法家。来往的客人见了这幅书法作品，无不啧啧称赞。后来这幅书法作品成了传世珍品，进了国家博物馆成了永久的收藏品。而那只储钱罐却早就被书法家的孙子为了取硬币而给砸碎了。

在面临这两种选择的时候，没有人可以看到结局，所以多数人还是会选择做储钱罐。做储钱罐的人，会因为自己暂时富足的状态而沾沾自喜。而选择做白纸的人，只有极其少数能像故事里的白纸那样，处之泰然。大多数人只想到自己是一张白纸，一无所有空空如也的白纸。而想不到因为作为一张白纸，才有足够空余的地方，只要稍加一点儿东西就会变得更加丰富。一张白纸，在书法家的笔下就会成为一幅漂亮而有价值的字；在画家的笔下就会成为一幅丰富而多彩的画；在诗人的笔下就会成为一首脍炙人口的绝唱……然而很多人却看不清这一点，总是羡慕那些看起来像储钱罐那样的人，拥有很多，而且总是越来越富足的状况。殊不知，因为储钱罐在这种富足的状态，就不会有长远的目光，也不知道还有很多东西比它更富足也更有意义。

生命的开始是一张白纸，带着纯粹和本真，这是上天对每个人的馈赠，然而因为先天条件或者家庭背景的不同，导致很多人看不清真正的自己，有人会觉得自己出生在富裕家庭，生活已经足够安逸，完全没有奋斗的必要；有人会觉得自己天赋异禀，天资聪颖，不用像那些天生资质平平的人那样需要勤勤恳恳，兢兢业业地工作学习。然而，这样想的人，往往是因为没有看清生命的本来价值。

把自己看作一张白纸，是带着一颗朴素的心去面对自己的人生、自己的内心，建立属于自己的精神家园。也许我们无法摆脱物质的世界，但是却能因为精神世界而活，守住那份难得的淡定，就不会让自己的内心流离失所。像故事里的那张白纸，不被富裕饱足遮挡住自己的心境，知道从长远来思量自己的人生。学会享受可以做一张白纸的快乐，然后去寻找那些可以使自己丰富的东西，一点一点地填满自己，就会发现自己的人生也会如此丰富。

学会放空自己

以为自己已经装满的人，常常因为自己的自以为是，失去得到更多东西的机会。

古时候，有一个潜心学佛的人。一天，他觉得自己所学已经造诣很深，就去拜望一位德高望重的老禅师，希望能跟老禅师交流所学。到达后，接待他的是老禅师的徒弟，他本是慕名而来，没想到老禅师派弟子来接待自己，心中很是不悦，就摆出一副很傲慢的样子。后来，老禅师走了出来，接待了他，并亲自为他沏茶，他心中的不悦才开始缓和了。老禅师在为他沏茶倒水的过程中，杯子里的水明明已经满了，可老禅师还在不停地倒。

这个人很不解老禅师的行为，就问道："大师，杯子不是已经满了吗？为什么还要倒呢？"

老禅师笑着回答："是啊，既然已经满了，为什么还要再往里面倒呢？"

言下之意是，既然你已经认为所学很深了，为什么还要来这里呢？这个人一下子恍然大悟，不由得一阵羞愧，心里也暗自叹道自己果然是来对了地方。

我们每个人，无论是做事还是做人，先要有谦卑的态度，这样才能有空间去提升自己，让自己获得更大的成就。老禅师教给他的不正是这个道理吗？

一只装满水的杯子，没有空间可以再装入任何其他的东西，也就断绝了自己获得新事物的机会。俗话说"学无止境"，我们要时刻清空自己，把自己看作一只空着的杯子，这样我们才能不断看到新的事物，学到新的知识。清空自己的同时可以对自己进行反省，就像一杯浑浊的水，即使不断往里面加多少干净清澈的水，杯里的水永远都是浑浊的。只有彻底将杯子里的水倒空，重新注入新的水，才会是一杯干净的水。时换时新，我们才能在这个变幻莫测的世界与时俱进。

放空自己，就会产生一种挑战自我、超越自我、永不满足的精神状态。要知道，任何事物都是不断运动和变化着的。对于每个人来说，我们认识的能力其实是有限的，我们的实践只能是接近真理的过程，这也就注定我们对自身的认识需要不断发展和完善。

也许经过多年的工作和学习，你在某个行业、专业已经是"饱学之士"，积累起了丰富的经验，获得了很大的成功。但事物无时不在变化，说不准什么时候，你就要面对新的环境、新的对手、新的政策。在它们面前，你没有任何的特别和优势可言。昨天正确的东西，今天不见得正确；上一次成功的路径和方法，可能会成为这一次失败的原因。这时，我们需要放空自己，去重新整理自己的智慧，去吸收现在的、别人的、正确的、优秀的东西。如果你不去领悟，不去感受，不去学习，只是沉浸在过去的成功中，也难免会"鼠目寸光"，看得不够远。

因此，在当前这个日新月异的时代，我们必须要时常放空自己，把自己当作一个无知的人去学习，忘却已经获得的成功，学习适应新的变化。我们永远不要太把过去当回事，要从当下开始，进行全面的审视。当然，并不是要一味否定过去，而是怀着否定或者放空过去的一种态度，去融入新的环境，对待新的工作，新的事物。

生命的开始姿态万千

我们人生的起点，可能是在一间大医院豪华的病房，也可能是一家小医院破旧的房间里；父母可能住在林边大道的豪宅，生活工作体面，也可能是住在刚刚可以遮挡风雨的小屋，忙碌一天勉强够维持生计的家庭；他们可能身体健康，也可能身患重病；他们可能是运动员、学者，也可能是生活在底层的劳动人民；他们可能是相敬如宾的夫妇，并将亲情家庭视为人生的重心，也可能是感情不和，每天都会争执吵闹的家人。

事实上，可能性无穷无尽，而这些随机事件会对新生命产生深刻而复杂的影响。出生于富裕家庭的人，不必以此为荣。而出生于贫穷家庭的人，也不应当以之为耻。为什么要感到荣耀和羞耻呢？我们甚至连无辜的旁观者都算不上，因为在抽取出生的彩票时，我们甚至还不存在！

很显然，在生命的开始，没有什么是谁应得的。没有人应该富有或贫穷，享有特权或受到压迫，身体健康或带有残缺。没有人应该拥有好的父母或不好的父母。所有这些随着生命的开始而随机发生，不论公平与否，只是简简单单地发生着。

在运气的一端，那些在出生开始就霉运缠身的人往往会满腹怨恨，怀疑这个世界为什么对自己如此不公平，这种抱怨虽然可以理解，但却不会对他们产生任何实质性的帮助。在运气的另一端，另一些人会认为他们出身富有或长相俊美，是因为他们理应如此。虽然这种观点毫无依据且不合逻辑，但人们却喜欢这样想，因为这样会让他们心里很舒坦。

事实上，在生命的开始，一切都是随机的。我相信我们若能接受这一事实，就能懂得谦逊，也才能务实地展开属于我们自己的最独特的一生。

林肯当选总统就职演讲时，整个参议院的参议员都感到很不自在，因为他的父亲是个社会地位低下的鞋匠。当时的参议员大多数人都出身名门望族，自认为是上流人士，很难容忍自己将要听命于一个地位卑微的鞋匠之子。所以，当林肯首次站在参议院的演讲台上时，一位态度傲慢的参议员便当众羞辱他说："林肯先生，在你开始演讲之前，我希望你记住，你是一个鞋匠的儿子。"台下的参议员们听后都哈哈大笑。

但是林肯并没有因此恼怒，他先是微笑了一下，然后平静而又严肃地对大家说："我非常感谢您使我想起了我的父亲，他已经去世了。我一定会永远记住您的忠告——我是鞋匠的儿子！我知道我做总统永远无法像我父亲做鞋匠那样做得出色。"接着，林肯转头对那个傲慢的参议员说："据我所知，我父亲以前也为您的家人做过鞋。如果您的鞋不合脚，我可以帮您修理，虽然我不是一个伟大的鞋匠，我无法像我父亲那么伟大，他的手艺是无人可比的，但是我从他那里学到了一点儿能应付简单问题的技术。"说到这里，林肯流下了眼泪，台下所有的嘲笑声瞬间变成了一阵阵的掌声。

林肯并没有因为步入权力的巅峰而忘记过去、以新贵自居；相反，卑微的出身使他更加体察民情、为民众为国家的利益而努力，他以自己的身体力行赢得了美国人民的敬重。

其实，一个人无论出身如何卑微都不可耻，可耻的是你接受了这种处境；我们现在贫穷、卑微，这并不可耻，可耻的是我们接受了这种卑微，而不力求改变。在世界上众多的成功者中，还有许多人不都是出身于寒门吗？李嘉诚出生在社会基层知识分子家庭，英国第七十二任首相梅杰的父亲更是马戏团演小丑的演员，这样出身的人都能成为首相，不也正说明成功是与出身并没有什么必然的关系。还有苹果电脑的创办者，最初不也只是在一个车库里开始他们创办公司的历程吗？

　　人的出身纵然有千般姿态，好的不好的，谁都无法选择，但是出生只是生命的开始，而生命的整个历程更是有万般种样子。只要你肯努力，开始是什么样子已经不重要了，你总会活出自己最好的样子。

忽略那些人为的附加条件

自古以来，那些伟人名士成功之前几乎都是生活在比较艰苦的环境下，反而这样的环境更能磨炼人，造就有所作为的人。

有的人一出生就是"富二代"，在襁褓之中就决定了这辈子锦衣玉食，衣食无忧；而有的人出生后，父母连孩子的温饱问题都不能保证。如果你"不幸"出生于一个贫寒、卑微的家庭，其实应该恭喜你，因为你拥有了另一种形式的"幸运"。一个生长于富裕和奢侈生活环境中的人，一个常依赖父母而不以自己的劳力挣饭吃的人，一个从小被溺爱惯坏的人，一辈子是很难具有卓越的成就的。

虽然我们都很清楚，没有人一出生便应该位于某个起点，但仍然有些人自以为是地认为，他们冥冥中就有获得好运的资格。有时这些人会祈求神灵保佑他们身居高位，好像他们生来就该娇生惯养、养尊处优，而没有其他更重要的事情需要去做。而基本上这些自以为是者，从来都不会动脑筋去想想人生的意义到底是什么。他们认为既然已经拥有足够好的环境，那又何必再去奋斗、争取呢？

曾有人问一位著名的艺术家，那个跟他学画的青年将来能否成为大画家，他十分果断地回答说："不，永远不可能！你想想，他每年都有家里给他的6000英镑的花费！"有人问球王贝利，他的儿子能否成为第二个贝利，贝利说："虽然他的先天条件比我要好，但他不可能成为贝利第二，因为他的条件决定了他吃不了我所吃的苦。"这位艺术家和贝利心里都明白，一个人的本领需要从艰苦奋斗中锻炼出来。

可见，如果一个人从小生活在富裕奢侈的环境中，很难培养出艰苦奋斗的精神。难道因为他们比出身贫穷的人毅力差或者更没本事吗？当然不是，只是因为他们生来不用努力就可以得到他们想要的东西，这对一个人来说，本算是一件值得高兴的事，但是太容易生存的环境总是让人没有奋斗的意识。在这个世界上，有一小部分人，他们拥有良好的家庭背景，有机会接受高质量的教育，又比较聪明能干，他们获得了成功，也许因为他的家庭给他创造了一定的条件，但更多的是，他们都是把自己的家庭置身事外，把自己当作一无所有的人，然后在这个方向奋斗，最终才使自己有所成就的。

谈到天资，首先必须承认，人与人之间天资是不相同的，这是一个事实，谁也否定不掉，有那么一些人，他们得上天宠幸，从小就拥有非同凡响的天赋。

宋朝时，有个小孩叫方仲永，他出生在贫寒的农家。在他四五岁的时候，有一天，方仲永忽然大哭，原来他是要笔墨纸砚用来写诗。父母给他借来了笔墨纸砚，方仲永提笔便写了一首不错的诗，而且还给诗题了题目。一个四五岁的孩子能写一首好诗，大家一致认为方仲永是天才。慢慢地，方仲永的名声传开了，当地的好多富人都叫方仲永的爸爸把他带来作诗。有些人还资助方仲永，认为"你家出了神童，这是我们一方水土的荣耀，好好培养他，将来为我们这个地方争光"。而方父认为既然是天才，就没必要再去培养了。到方仲永十二三岁的时候，他的诗已经和同龄人没什么差别，到二三十岁时，他的诗歌已远远落后于同龄人。这个故事就是告诉我们，即使是个天才，也需要后天进一步培养和教育。再好的先天条件，如不在基础上加以很好的利用以及更多的培养，也就会止步不前，甚至不如没有。

三个旅行者同时住进了一家旅店。早上出门的时候，一个旅行者带了一把伞，另一个旅行者拿了一根拐杖，第三个旅行者什么也没有拿。

晚上归来的时候，拿伞的旅行者淋得浑身是水，拿拐杖的旅行者跌得满身是伤，而第三个旅行者却安然无恙。

拿伞的旅行者说："当大雨来到的时候，我因为有了伞，就大胆地在雨中走，却不知怎么全身都淋湿了；当我走在泥泞坎坷的路上时，因为没有拐杖，所以走得非常仔细，专拣平稳的地方走，以至于就没摔伤。"

拿拐杖者说："当大雨来临的时候，我因为没有带雨伞，便拣能躲雨的地方走，所以没有淋湿；当我走在泥泞坎坷的路上时，我便用拐杖拄着走，却不知为什么常常跌跤。"

第三个旅行者听后笑笑，说："这就是为什么你们拿伞的淋湿了，拿拐杖的跌伤了，而我却安然无恙的原因。当大雨来时我躲着走，当路不好时我细心地走，所以我没有淋湿也没有跌伤，你们的失误就在于你们有凭借的优势，认为有了优势便少了忧患。"

前面两个旅行者都仗着自己有可以依靠的东西，在前行的途中就对可以阻挡的东西无所顾忌，结果一路走得跌跌撞撞，而第三个旅行者知道自己没有任何可以依靠的东西，所以一路走得小心翼翼，反倒比前面两个有所依靠的旅行者走得稳妥。

许多时候，我们不是跌倒在自己的缺陷上，而是跌倒在自己的优势上，因为缺陷常能给我们以提醒，而优势却常常使我们忘乎所以。

　　一个人总是很容易依赖于自身所拥有的优势而失去忧患意识。其实很多时候，我们的进步更多的是因为忧患意识的存在。忧患的意识让我们可以减少危险的发生率。再看看现实生活中的一些例子，我们是不是常常因为拥有了某些东西，而总是不去在意与那些东西相关的危险吗？

　　有时候拥有并不意味着是好事，也许会是一种负累或者阻碍，正如"恃宠而骄"所言，人们因为有所"恃"而变容易骄傲，目空一切，不会脚踏实地去看去想，这样又怎么能不失败呢？

生命的成就在于你的态度

命运为每个人准备了锦绣前程，赋予了每个人追求它的权力，同时也赋予了每个人不同的出身、不同的成长背景和不同的人生经历，以及必然经历的坎坷与磨难。既然如此，人最初所有的一切都不是决定成功的关键因素，唯有一个人对自己生命的态度最终决定了一个人所能到达的高度。因此无论身处何种境地，只要充分运用命运赋予的权力，努力前行，终有一日会摆脱命运设定的樊篱，走出艰难境遇，获得惊人成就。

荣誉不是出身造就的，而是努力的结果造就的。我们不能因为出身的劣势，而放弃对美好未来的憧憬。我们没有选择出身的权利，但是，我们有选择走什么样的道路、让自己人生更有价值的权利。卑微的出身不能说明任何问题，不能代表一切：它培养了我们百折不挠的韧性，让我们有更强烈的理想和抱负，给我们带来激励和勇气。所以，如果你出身卑微，不必在意，那正是上天对你的恩赐；如果你正因为出身卑微而轻视自己，那么，请记住泰戈尔那令人振奋的话语："宇宙间的一切光芒，都是你的亲人"。不怕起点低，就怕境界低。

一位父亲为了教育因为家境贫寒而深感自卑的儿子，带他去参观梵高的故居。在看过粗糙的小木床及裂了口的皮鞋之后，儿子困惑地问父亲："梵高不是个富翁吗？"父亲答："梵高是个连老婆都没娶上的穷人。"

几个月以后，这位父亲带儿子去丹麦，在安徒生再普通不过的故居前，儿子又不解地问："爸爸，安徒生不是生活在皇宫里吗？"父亲答："安徒生是一个穷苦鞋匠的儿子，他们一家就生活在这栋阁楼里。"这位父亲是一个水手，他常年奔波于大西洋各个港口。儿子叫伊尔·布拉格，后来成为美国历史上第一位荣获普利策新闻奖的黑人记者。

多年后，伊尔·布拉格回忆起童年的时光时，动情地说："那时我家很穷，父母都是靠出卖苦力为生的劳动人民。有很长一段时间，我一直认为像我这样地位卑微的黑人是不可能有什么出息的。我感到自己的世界一片灰色，毫无希望。好在父亲让我认识到梵高和安徒生的出身都是很卑微的。他们的例子告诉我，卑微的出身并不能影响以后的成功。"

我们总是说有什么样的环境就会造就什么样的人生，影响我们人生的真的只是环境吗？其实，面对人生逆境或困境时所持的态度，远比任何事都来得重要。

很多时候，是出身卑微的人自己看低了自己。人的相貌、家境等先天条件是无法改变的，但至少内心状态、精神意志完全是自己控制的。

小小亭长出身的刘邦可以指点江山，和尚出身的朱元璋也可以统率三军。成功从来都不会区分出身的高低。所以，出身卑微的你，也可以实现非凡的梦想，成就辉煌的人生。而这些的关键在于，你对自己的人生的态度是积极向上，愿意付出你的努力活出自己的人生，而不是拘泥在现实环境中。

事实上，贫穷不仅不会导致不幸和痛苦，人们通过吃苦耐劳、坚韧不拔地拼搏，可以将生活中的这些不幸和痛苦转化为另一种财富，因为它能唤起一个人奋发向上、勇敢战斗的激情。在这个奋斗的过程中，某些意志薄弱者也许会甘于现状，用萎靡不振的堕落来逃避当下不如意的境况，获得心灵片刻的安逸。但那些意志坚强和乐观向上的人反而会从中获取进取的力量、信心和胜利。

培根说得好："人类没有很好地理解他们的财富，也没有很好地理解他们的力量：对于前者，人们竟把它信奉为无所不能的东西；对于后者，人们又太不把它当一回事，对自己的力量太缺乏信心。自力更生和自我挑战将教会一个人从他自身力量的源泉中吸取能量，用自己的力量换取甜蜜的面包，学会用劳动保障自己的生活，并认真地扩展服务于自己职责的美好事物。"

财富对只图享乐和甘于放纵的人来说是一个巨大的诱惑，尤其是对那些被欲望蒙蔽双眼看不清事实的人来说更是如此。因此，当那些出身富贵家庭的人仍然能够勤俭节约、努力工作时，这是一件多么值得庆幸和高兴的事情啊！

积极的态度加上聪明的大脑和勤劳的双手才是人们富裕的保障。即使一个人生于名流显贵之家，他要获得稳固的社会地位，也必须靠持之以恒的实干才能达成。可以这样说，富贵和安逸对一个想追求高素养的人来说并非不可或缺的东西，那些出身低微的人在任何时代也未必就一定会给这个世界增添负担。安逸和富足奢华的生活环境无法训练出艰苦奋斗和敢于直面艰难险阻的人，也不会让人们意识到自己的才能，而没有这种意识的人，很难在生活中有一番作为和惊人的成就。

人生充满了各种可能性

其实和你一样——他出身卑微，却身怀远大理想。多年前，他在1983年版的《射雕英雄传》中扮演那个宋兵乙，为增添一点点戏份，他请求导演安排"梅超风"用两掌打死他，结果被告之"只能被一掌打死"。这个年轻时被称作"死跑龙套的"卑微小人物，第一次当着导演的面谈到演技时，在场的人无一例外都哄堂大笑。但他依然不断思索、不断向导演"进谏"，直至2002年自己当上导演。那年，他获得了金像奖"最佳导演奖"。

其实和你一样——20世纪90年代，在一趟开往西部的火车上，梳着分头、戴着近视眼镜的他看上去朝气蓬勃，内心却带有微微的彷徨。那时的他严肃乏味，常常独坐好几个小时不说话。后来转行做主持人，1998年他第一次主持的电视节目播出时，他发现自己说的话几乎全被导演剪掉了。他让身为制片人的妻子准备了一个笔记本，把自己在主持中存在的问题一一记录下来，哪怕是最细微的毛病都不肯放过，然后逐条探讨、改正。即使今天其身价已过4亿，成为中国最具影响力的主持人，他仍未放弃面"本"思过。

其实和你一样——上学时，他是大学里的"小混混"，由于经常逃课而被老师责备。毕业后被分到当地的电信局当小职员，面对冗杂的机关工作，他感到既劳累又苦恼，后来他勇敢而果断地辞了职，然后自创网站，从而走向中国互联网浪潮的浪尖，他在2003年福布斯中国富豪榜中居第一位。

其实和你一样——多年前的他是一个防盗系统安装工程师，依他的说法，"就是跟水电工差不多的工作"，"有时候装监视系统要先挖洞，一旦想到歌词就赶快写一下！"当年的他就是这么边干活边写词，半年积累了两百多首歌词，他选出一百多首装订成册，寄了100份到各大唱片公司。"我当时估计，除掉柜台小妹、制作助理、宣传人员的莫名其妙、减半再减半地选择性传递，只有12.5份会被制作人看到吧，结果被联络的概率只有1%。"其实那1%就是100%！

人生真的充满了太多未知的因素，有时我们会大胆地设想，期待那些好的事情就发生在自己身上了；有时我们却是想都不敢想，这样的事怎么会发生在自己身上呢？其实，有什么关系呢？

就算现在的你生活一团乱，也不知道明天会怎么样，但是，只要拒绝放弃，就会有超乎想象的可能在前方等着你。为自己的梦想而努力，尽你所能朝着你梦想的方向前进。你要相信自己，你的人生何尝不是充满了各种可能性，大胆地去追求吧，无论那是什么。

绘出属于自己的人生蓝图

以五年一轮来看，假设你现在二十岁，如果照自己这样的过法，想一想自己二十五岁会是什么样子？三十岁又是什么样子？你希望是这个样子吗？如果不是，你该做些怎样的及时改变？你想成为怎样的人？如果你要完成你心目中的二十五岁或者三十岁，你现在还有什么不足的地方？请写一个很详细的描述单出来，比方职业、生活状态、经济状况、兴趣、休闲活动，一天及一星期的生活会是什么样子？然后画出一张你想象中的生命蓝图，根据这张蓝图去思考，你还欠缺什么样的能力，还应该学习哪些方面的知识？

在生活中，有的人乍一看似乎是一夜成名，但如果研究他们的过去，就知道他们的成功其实是酝酿已久，是因为他们早已规划好了自己的蓝图，然后一步一步地朝着蓝图所描绘而努力才得以实现的。

有一次在高尔夫球场，罗曼·V·皮尔在草地边缘把球打进了杂草区。有一个青年刚好在那里打扫落叶，皮尔就和他一起找球，这时，那青年很犹豫地说："皮尔先生，我想找个时间向您请教。"

"什么时候呢？"皮尔问。

"哦！什么时候都可以。"他似乎没有料到，皮尔会如此痛苦地答应自己的请求。

"像你这样说，你是永远没有机会的。这样吧，30 分钟后在第 18 洞见面谈吧!"皮尔说。

30 分钟后,他们在树荫下坐下,皮尔先问了他的名字,然后说:"现在告诉我,你有什么事要同我商量?"

"我也说不上来,只是想做一些事情。"

"能够具体地说出你想做的事情吗?"皮尔问。

"我自己也不太清楚,我很想做和现在不同的事,但是不知道做什么才好。"他显得很困惑。

"那么,你准备什么时候实现那个还不能确定的目标呢?"皮尔又问。

青年对这个问题似乎既困惑又激动,他说:"我不知道。我的意思是有一天,有一天想做某件事情。"

于是,皮尔问他喜欢什么事。他想了一会儿,说想不出有什么特别喜欢的事。

"原来如此,你想做某些事,但不知道做什么好,也不确定要在什么时候去做,更不知道自己最擅长或者喜欢的事是什么。"

听皮尔这样说,他有些不情愿地点点头说:"我真是个没有用的人。"

"哪里,你只不过是没有把自己的想法加以整理,或者缺乏整体构想而已。你人很聪明,性格又好,又有上进心。有上进心才会促使你想做些什么。我很喜欢你,也信任你。"

皮尔建议他花两星期的时间考虑自己的将来,并明确决定自己的目标,不妨用最简单的文字将它写下来,然后估计何时能顺利实现,得出结论后就写在纸上,再来找自己。

两星期以后,那个青年显得有些迫不及待,至少精神上看来像是完全变了一个人似的出现在皮尔面前。这次他带来明确而完整的构想,已经清楚地掌握了自己的想法,那就是要成为他现在工作的高尔夫球场经理。现任经理五年后退休，所以他把达到目标的日期定在五年后。

他在这五年的时间里确实都在努力地学习并且学会了担任经理必备的学识和领导能力。经理的职务一旦空缺，没有一个人是他的竞争对手。又过了几年，他的地位更加重要，成为公司不可缺少的人物。他根据自己任职的高尔夫球场的人事变动来决定未来的目标。现在他过得十分幸福，非常满意自己的人生。

为自己描绘一幅清晰的人生蓝图，是把自己的未来具象地呈现出来，而不会因为觉得是空想而不知该如何付诸实施。如果对于未来，你一直都只停留在"想"的阶段，就会觉得那是一件很难完成的梦想，如果用蓝图的形式一点一点描绘出来，就会觉得美好的未来并不是遥不可及的事。

第二章

只有想不到没有做不到

　　世上真的有不可能的事吗？似乎没有，所有被认为不可能的事，都被一些勇士一一实践了，而那些没想到的事，也许有天会被人想出来，毫无疑问会有人想要去挑战，你我都相信最终是会实现的。所有人类的突破，都在于敢想敢为，是观念的改变，因为你的看法左右你的结果。

那些你以为不可能的事

100多年前的希腊，有人试图在4分钟内跑完1英里的路程，为了实现这个前无古人的宏伟目标，人们绞尽脑汁，甚至异想天开，先让运动员喝老虎的奶水，以强身健体，然后又让凶猛的狮子在后面追赶运动员，以激发潜力，结果全都失败了。后来，有专家得出了"科学"结论：因为人体生理结构的限制，人类根本无法达到这种速度。于是人们最终断言，人要想在4分钟内跑完1英里路程是绝对不可能的。有个叫罗杰的年轻人偏偏不信，刻苦训练，默默地向极限发起冲击，一年之后，"绝不可能的事情"发生了——罗杰在4分钟内跑完了1英里。随后，这一纪录又多次被后来者刷新。

这样一件被周围人预言着"不可能"的事，却一次又一次被许多人刷新了这个的历程，创造了一个又一个在常人眼里"不可能"的奇迹，是什么造就了这一切？是一种信念，那些人始终坚信"没有什么不可能"，始终坚信自己能够创造奇迹，然后勇敢执着，努力奋斗，最终，强大的意志力让他们超凡脱俗，成就了奇迹的发生。

记住，你也可以创造奇迹，只要你坚信自己，只要你执着努力，那么，就没有什么不可能。生命太过短暂，但意志却可以达到永恒。人无法跨越浩瀚的时间长河，但却可以跨越低谷与巅峰之间的巨大空间，奇迹的创造，就在于执着。永远并不远，只要你咬紧牙关，用心专一，坚持下去，就没有什么不可能。

其实人生中的许多事情你是能够做到的，只是你不相信自己有这样的能力，如果你相信自己能够做到，并为之付出不懈的努力，你就一定能做到。面对困难，真正的勇士不会退缩，他们深信持之以恒的努力一定会换来成功，而不可能只不过是懦弱者的借口。

汤姆·邓普西生下来的时候只有半只左脚和一只畸形的右手，他的亲戚朋友们都为之叹息，但邓普西的父母从不让他因为自己的残疾而对人生放弃希望，而是鼓励他去做任何自己想做的事情。父母告诉他，只要他足够努力，他能做到任何健全男孩所能做的事。

汤姆·邓普西学习踢橄榄球，他能把球踢得很远，在场的所有男孩子都比不上他。然后，他请人为他专门设计了一只鞋子，参加了踢球测验，并且得到了冲锋队的一份合约。

但是教练却委婉地告诉汤姆·邓普西，说他并不具备做职业橄榄球员的条件，并建议他去试试其他的职业。但汤姆·邓普西没有退缩，而是申请加入新奥尔良圣徒球队，并且请求教练给他一次机会。教练虽然心存怀疑，但是看到这个男孩这么努力，对他便有了好感，因此就留下了他。

两个星期之后，教练对邓普西的能力渐渐有了信心，因为他在一次友谊赛中踢出了 55 码远并且为本队挣得了分数。从此，邓普西获得了专为圣徒队踢球的工作。汤姆·邓普西在那一季度中为他的球队挣得了 99 分。

汤姆·邓普西一生中最伟大的时刻到来了。那天，球场上坐了六万六千名球迷。球是在 28 码线上，当比赛只剩下几秒钟时，球队把球推进到 45 码线上。"邓普西，进场踢球！"教练大声说。

当汤姆·邓普西进场时，他知道他距离得分线有 55 码远。

队友们把球传过来，汤姆·邓普西一脚全力踢在球身上，球笔直地前进。六万六千名球迷屏住呼吸观看，球在球门横杆之上几英寸的地方越过，接着终端得分线上的裁判举起了双手，表示得了2分。

比赛结束的哨声响起，汤姆·邓普西的球队以19比17获胜。球迷狂呼乱叫，为踢得最远的一球而兴奋，因为这是只有半只脚和一只畸形的手的球员踢出来的！

"真令人难以置信！"有人感叹道，但是邓普西只是微笑。他想起他的父母，他们一直告诉他能做什么，而不是不能做什么。他之所以创造出这么了不起的记录，正因为他一直都相信，没有什么不可能。

永远也不要消极地认定什么事情是自己不可能做到的，强者的人生字典里根本没有"不可能"这三个字，他们总会去勇敢地尝试，直到取得成功。

不可能只不过是懦弱者的借口，只要有一线希望就不要放弃。当我们将一件件认为"不可能"的事情通过自己的努力和智慧，还有百折不挠的意志办到后，对我们而言已经没有什么困难会让自己屈服了。而成功就是将一件件看似不可能的事情变为现实的过程。

真的很多事自己做不了吗？

卡耐基说：靠自己的能力拯救自己，是成功的唯一准则。

提起 IBM，很多人只知道它是 IT 产业中的领军人物，生产的 PC 是天下第一商务品牌，却不知道 IBM 在创立之初是个生产商用打字机的公司。

1911 年，也就是中国辛亥革命那一年，IBM 由一位叫作托马斯·华森的人创立，经过发展，他一手缔造了 IBM 商业帝国。但当华森老去，整个公司面临一个谁来接棒的严重问题。这时，华森的儿子小华森成为大家关注的焦点。

用今天的话说，小华森是个标准的富二代，但他并不是个聪明的小孩。在他的青春期里充满了挫折感。高中他念了 6 年才毕业，成绩很差。他喜欢运动，但学校橄榄球队、棒球队、曲棍球队都没他的份，唯一让他展露成功的领域是相对冷门的划船，于是，他一生热爱水上运动。

作为富二代，社会成功人士家的公子哥，他被布朗大学录取。"他不算优秀，不过我们愿意收他。"布朗大学的考官颇有弦外之音地解释他们的录取决定。而小华森本人，他宁可一辈子开飞机，划着小船四处探险，也不想管 IBM 的事情。因为，他感觉自己没那个能力。

第二次世界大战爆发是小华森一生的重要转折。从军的小华森隶属空军少将布莱德利麾下，跟成千上万吊儿郎当的小青年一样，军旅生涯赋予他们强烈的责任感：万一飞机没开好，毁掉的不仅是自己，还有飞机上所有的兄弟……这样一来，小华森逐渐对自己建立了自信。

但是战争结束之后，小华森仍旧躲避着老父手里的接力棒，他打算去做职业飞行员，对于 IBM 他的信心还不够。直到 1945 年春天，小华森碰到自己的老上级布莱德利，布莱德利听到小华森的人生规划后非常吃惊："你说真的？我一直以为你会回去接管 IBM！"

小华森当场愣住，两眼望向窗外许久。多年来，他都活在辜负父亲期待的恐惧里，但现在他要问出那个从来难以启齿的问题："布莱德利将军，你觉得我可以领导 IBM 吗？""当然。"布莱德利简简单单的两个字从此改变小华森的一生，也改变了 IBM 的发展轨迹。

老华森在 1956 年辞世，随后的 14 年中，小华森带领 IBM 转型进入计算机产业，把公司的未来赌在 IBM360 大型主机上，这是当年最大的民间资金投资计划，所需资源，比第二次世界大战时期用来发展原子弹的曼哈顿计划还要多。但是，小华森借此，向世界，更重要的是向自己，向逝世的父亲证明了他的能力，他的确能够领导 IBM。

在小华森的时代，IBM 规模成长 10 倍以上，获利是原来的 18 倍。这位当初想要划着小船做逃兵的公子哥，终于超越自己，成长为一手打造 IBM 王国黄金盛世的商界帝王。

这是个不错的故事，至少它告诉大家一件事情，摆脱自己人生的缺陷，做自己应该做的事情，有时候也不是特别难。

如果一个人心里总想着"我办不到""我不敢""我害怕"，那他永远也不会任何成就，这些想法会限制了我们，让我们哪里都去不了，因为从来没有哪条法则说，认为自己无能的人会做成什么事情。新的哲学信条非常赞同这一点，它认为，不论任何事情，要想做成一件事，就必须有一个积极的思想态度，坚信我们可以做到。它有助于我们获得成功，给我们信心和鼓励，因为它告诉我们，我们并非被残酷的命运之神抛到一边的木偶，我们是万物主宰者之子，具有除了自己，任何力量都无法触及的权利。

当你相信某一件事不可能做到时，你的大脑会为你打出种种做不到的理由。但是，当你相信，真正地相信某一件事确实可以做到，你的大脑就会帮你找到解决的各种办法。所以，生活中有些事情并非你不能做到，而是你自己限制住了自己，如果能够抛开"自己就是做不到"的想法，也许很多事你都可以做得到。

不要总想着不可能

我们常常会怀疑自己，觉得很多事我们都没办法做到，因为我们很容易把自己和别人做比较，而看到自己与别人的差距就会觉得这件事自己肯定做不到或者做不好。

很多时候，当我们碰到棘手的问题或艰巨的任务时，第一反应多会说"不可能"，而不去认真考虑这件事到底有没有转机。一个人只要他下定决心向着一个目标去努力，就没有什么事是不可能的。只要有决心，任何梦想都可以实现，任何奇迹都可能诞生。也许，这就是决心的魅力所在。

亨利·兰德平日非常喜欢为女儿拍照，而每一次女儿都想立刻得到父亲为她拍摄的照片。

于是有一次他就告诉女儿，照片必须全部拍完，等底片卷回，从照相机里拿下来后，再送到暗房用特殊的药品显影。而且，在副片完成之后，还要照射强光使之映在别的像纸上面，同时必须再经过药品处理，一张照片才告完成。他向女儿做说明的同时，内心却在问自己："难道没有可能制造出'同时显影'的照相机吗？"

这个想法对当时那些稍有摄影常识的人来说，兰德的这种想法根本是一个异想天开的梦。但兰德却没有退缩，在强烈意愿的驱使下，经过一次又一次的试验，最后，兰德终于成功地发明了"拍立得相机"。这种相机完全是女儿希望的那种，也由此，兰德企业诞生了。

"拍立得"相机正式投产后，兰德想把这种新式相机能更好地宣传和推销出去，经过慎重考虑，兰德请来了当时美国颇有名望的推销专家霍拉·布茨。布茨一见"拍立得"顿生好感，欣然接受为此相机的营销工作。

迈阿密海滨是美国的旅游胜地，每年来这里度假的旅客成千上万。聪明的布茨认为这里是理想的推销场所。

布茨专门雇用了几位泳技高超、线条优美的妙龄女郎，让她们在海滨泳场游泳时假装不慎落水，然后再让特意安排好的救生员将她们救起，这引来了许多围观的游客，这时，"拍立得"相机就大显身手了。刚才那惊心动魄的场面，被"拍立得"相机一张张记录下来，并把那精彩的照片展现在人们面前，令见者惊讶不已。这时，推销员趁机推销这种相机，就这样"拍立得"相机迅速由迈阿密走向全国，成了市场上的热门商品，畅销不衰。兰德先生的公司也因此生意兴隆，名声大振。

很多事都是在别人都觉得不可能的时候，在当事人心里拒绝"不可能"而发生的，他们不会因为别人认为不可能而放弃，反而想的却是如何可以把这件事变成可能。

福特汽车的创始人亨利·福特，在制造著名的V8汽车时，明确指出要造一个内附八个汽缸的引擎，并指示手下的工程师马上着手设计。

但其中一个工程师却认为，要在一个引擎中装设八个汽缸是根本不可能的。他对福特说："天啊，这种设计简直是天方夜谭！以我多年的经验来判断，这是绝对不可能的事。我愿意和您打赌，如果谁能设计出来，我宁愿放弃一年的薪水。"

福特先生笑着答应了他的赌约，他坚信自己的设想："尽管现在世界上还没有这种车，但无论如何，只要多搜集一些资料，并把它们的长处广泛地加以分析和改进，是完全可以设计和生产出来的。"

后来，其他工程师通过对全世界范围的汽车引擎资料的搜集、整理和精心设计，结果奇迹出现了，不但成功设计出八个汽缸的引擎，而且还正式生产出来了。

那个工程师对福特先生说："我愿意履行自己的赌约，放弃一年的薪水。"

此时，福特先生严肃地对他说："不用了，你可以领走你的薪水，但看来你并不适合在福特公司工作了。"

生活中或者工作中，我们遇到的很多事并非不可能，而是我们在心里为自己设置了认为自己不可能成功的障碍和限制，不敢也不愿给自己一个机会去尝试突破。如果我们坚持"不可能"这种限制性的信念，就会不断建立障碍意识来支持"不可能"的信念，从而自我设限。相反，当我们不说"不可能"，而坚持"我可以"的信念是，就赋予了自己使这些信念变为现实的力量，从而也赋予了自己走向成功的力量。

如果总想着"不可能"，事情的发展也会呈现出不可能的趋势，如果你拒绝"不可能"，你的精神和态度就会变得自信，事情也会慢慢走向可能。其实，任何不可能都是与可能相互依存的，也就是说，在你遇到不可能的情况的时候，只要你稍微拓展一下思维，那么就能看到可能。

做一个有野心的人

古罗马的皇帝和哲学家说："一个人的价值永远超不出他的雄心。"所以，野心不是贬义词，它是人们对成功的欲望和渴求，没有野心我们就会目光短浅，就会安于现状缺乏开拓。有两句很好的广告词："没有做不到，只有想不到"，"思想有多远，我们就能走多远"。

在生活中，如果你形容一个人有雄心，那就表示他很有抱负，自古以来，"野心"在多数情况下是个有点带贬义的词。不过，现在有心理专家研究表明，"野心"是成功的关键因素。

美国《时代》杂志加拿大版日前刊文提到，美国加利福尼亚大学的心理学家迪安·斯曼特研究发现，"野心"是人类行为的推动力，人类通过拥有"野心"，可以有力量攫取更多的资源。当然，也必须承认，"野心"从某种程度上来讲，是一个"零和游戏"：你多占了资源，别人所拥有的就少了。根据这种说法，大家应该都有"野心"才是。

有这样一个小故事：

法国一位大富翁在弥留之际写了一个遗嘱：我曾经是一位穷人，在以一个富人的身份跨入天堂的门槛之前，我把自己成为富人的秘诀留下，谁若能猜出"穷人最缺少的是什么"，他将能得到我留在银行私人保险箱内的 100 万法郎，这是揭开贫穷之谜的奖金，也是我在天堂给予他的欢呼与掌声。

遗嘱刊出之后，有 48561 个人寄来了自己的答案。这些答案，五花八门，应有尽有。绝大部分的人认为穷人最缺少的是金钱；有一部分认为穷人最缺少的是机会；又有一部分认为穷人最缺少的是技能；还有的人说穷人最缺少的是帮助和关爱，是漂亮，是名牌衣服，是总统的职位，等等。

在这位富翁逝世周年纪念日，他的律师和代理人在公证部门的监督下，打开了银行内的私人保险箱，公开了他致富的秘诀：穷人最缺少的，是成为富人的野心！

在所有答案中，有一位年仅9岁的女孩猜对了。为什么只有这位9岁的女孩想到穷人最缺少的是野心？她在接受100万法郎的颁奖之日说："每次，我姐姐把她11岁的男朋友带回家时，总是警告我说不要有野心！不要有野心！于是我想，也许野心可以让人得到自己想得到的东西。"

穷人之所以穷，是因为穷人缺少成为富人的野心。这个答案几乎颠覆了我们的传统观念。过去穷人被告知翻身的秘诀是"积德"，现在人们更多是在"好好学习，天天向上""吃得苦中苦，方为人上人""功到自然成"等等教诲中成长，这种教化在端正心态稳定社会方面功不可没，但在另一方面却在无形中泯灭了本来就不多的野心和野性。

想当年，如果秦始皇没有野心，就不会有历史上著名的"秦王扫六合"了；如果拿破仑没有野心，就不会雄霸欧洲；发明蒸汽机的瓦特，飞入蓝天的莱特兄弟，曾经都被人们讥笑他们异想天开，但是，他们的确成功了。野心，一次次创造了奇迹，又一次次缔造了永恒。我们的生活需要野心，每天才会有五彩缤纷的心情；我们的学习需要野心，才会不断激励自己努力向上，取得优异的成绩。

在人生路上，有的人轰轰烈烈，创造出非凡的业绩；有的人庸俗平凡，碌碌无为；有的人空怀满腹才学而一事无成；有的人虽出身卑微却一步步踏上人生的巅峰。这绝非"机遇"二字所能囊括的，怀有一颗野心，才能永远向着理想、梦想飞翔。?

"野心"，可以说是人生的一种精神境界，每个活着的人都应有自己的"野心"，如果一生中没有什么"野心"，那样的人生就不算完整的人生。当然，在实践中，不是所有的"野心"都能实现，也不是一个人所有的"野心"都能实现，像博士生、亿万富翁、诺贝尔奖奖金、世界冠军等，不是一般人所能达到的。但是，有了"野心"，就有奋斗的动力，每一个平凡的日子都会变得不平凡。请记住美国一本畅销书作家的名言吧：当一个人有了想飞的梦想，哪怕他爬着，也再没有不站起来的理由了！

其实，每个人，不管自己目前的处境如何，都应有一个较高的梦想和追求，甚至是常人难以达到的，它是人生的支点，有了它，人生便会奋斗不息。野心正是一种创业的美德。想想我们为什么喜欢电影《飘》中的斯嘉丽，不正是因为她的野心、她永不屈服、永不认输的精神吗？

美国诗人爱默生说："没有抱负，你将无所追求。不努力工作，你将一事无成。回报不会自动送到你手上，而需要你去努力赢得它。知道怎么做的人能一直找到工作，而同时也知道为什么做的人就会成为自己的老板。"

当然，有野心但不可被野心迷失了双眼，更不可被野心推动着自己向前走。如果是自己在推动野心，那么这种自主的行动将会带领人们走向事业有成；如果是被野心推动、不由自主地向前，那么野心将会将一个可怜人推下悬崖，或推进地狱。

联想的创始人柳传志就是一个有野心的人，所以他才能创建一个有野心和进取精神的联想。不过，柳传志总是把联想的野心委婉地说成雄心壮志。因此，想用柳传志作自己榜样的职场人，至少要成为一个有野心的人。

野心不仅是穷人致富的诀窍，更应该成为所有人探求成功的利器，"王侯将相宁有种乎？"古人尚且发出这样的吼声，今天有着聪明才智的我们岂能庸庸碌碌无动于衷？如果你渴望成功，那么请你先问问自己：我有成功的野心吗？

对自己的野心有节制却又不泯灭，这样的人，就是有成为商业领袖禀赋的人。

要迈开尝试的第一步

当你面对一座你所恐惧的高峰，你会觉得要攀上顶峰是一件很难完成的事，然而，只要你稍加努力，你就会到达第一层阶梯，然后你又努力了一把，登上了下一个阶梯，接着第三个台阶，然后一步一步往上攀爬。

很多事，想起来确实很难，如果你可以尝试着做一下，未必就不能做得成。但是，你不去尝试就永远没有可能。命运面前，人人平等，积极地行动起来，人生才会因为你的努力而变得不同，迈出尝试的第一步，成功便会离你进一步。

迈克·兰顿生长在不正常的家庭里，父亲是个犹太人（十分排斥天主教徒），而母亲却偏偏是个天主教徒（却又十分排斥犹太人）。在他小时候，母亲经常闹自杀，当火气来时便抓起衣架追着他毒打。因为生活在这样的环境里，他自幼就有些畏怯而且身体瘦弱。

迈克读高中一年级时的一天，体育老师带着他们班的学生到操场教他们如何掷标枪，而这一次的经验从此改变了他后来的人生。在此之前，不管他做什么都是畏畏缩缩的，对自己一点自信都没有，可是那天奇迹出现了，他奋力一掷，只见标枪越过了其他同学的成绩，多出了足足 30 英尺。就在那一刻，迈克突然觉得自己的未来大有可为。在日后面对《生活》杂志的采访时，他回想道："就在那一天我才突然意识到，原来我也有能比其他人做得更好的地方，当时便请求体育老师借给我这只标枪，在那年整个夏天里，我就在运动场上掷个不停。"

迈克发现了使他振奋的未来，而他也全力以赴，结果有了惊人的成绩。

那年暑假结束返校后，他的体格已有了很大的改变，而在随后的一整年中他特别加强重量训练，使自己的技能提升。在高三时的一次比赛中，他掷出了全美国中学生最好的标枪记录，因而也使他赢得了体育奖学金。

有一次，他因锻炼过度而严重受伤，经检查证实，必须永久退出田径场，这使他因此失去了体育奖学金。为了生计，他不得不到一家工厂去担任卸货工人。

不知道是不是幸运之神的眷顾，有一天他的故事被好莱坞的星探发现，问他是否愿意在即将拍摄的一部电影《鸿运当头》中担任配角。当时这部电影是美国电影史上所拍的一部彩色西部片。迈克应允加入演出后从此就没有回头，先是演员，然后演而优则导，最后成为制片人，他的人生事业就此一路展开。一个美梦的破灭往往是另一个未来的开始，迈克原先有在田径场上发展的目标，而这个目标引导他锻炼强健的体格，后来的打击却又磨炼了他的性格，这两种训练始料未及却成了他另外一个事业所需要的特长，使他有了更耀眼的人生。

没试过，就不要轻易否定自己，没试过，千万不要说自己不行。做什么事都要有尝试的勇气，都要勇于创造。迈克如果没投第一枪，在投了第一枪后如果没有勤奋地去努力，他是不会成功的。不轻易放弃哪怕一丁点的希望，去尝试，去发现自己的长处，相信人会越来越出色，这是一种精神，一种人生态度。

这是一个崇尚开拓创新的时代，人人都渴望能证实自我。正因为如此，我们更应该勇敢地去尝试。哪怕最后失败了也并不可怕，由于恐惧失败而畏缩不前才真正可怕。

要战胜自己，改变目前的状态，就不要放弃尝试各种的可能。

以精益求精的态度，不放弃尝试种种的可能，终会有成果。

也许，我们的人生旅途上沼泽遍布，荆棘丛生；也许我们追逐的风景总是山重水复不见柳暗花明；也许，我们前行的步履总是沉重、蹒跚；也许，我们需要在黑暗中摸索很长时间，才能找寻到光明；也许，我们虔诚的信念会被世俗的尘雾缠绕，而不能自由翱翔；也许，我们高贵的灵魂暂时在现实中找不到寄放的净土……那么，我们为什么不可以以勇敢者得气魄，坚定而自信地对自己说一声"试一次"，永不放弃万分之一的可能性。

没试过就不能说不可能，我们有许多天赋未曾发挥，因为我们不敢尝试。

可见，在同样的环境、同样的条件下，不同的人，就会产生不同的结果。事在人为，只要去尝试了，就没有难事。台湾的证严法师说过一句话："做，就是对的！不做就永远是错的！"是的，去做了虽然不一定能成功，但是你不去做，连成功的可能性都没有！一个真正热爱生活的人，只会马上去做自己想做的事，而不会去问该如何做，更不会给自己找借口推三阻四。

庸常生活里的我们，似乎已经习惯了按部就班，习惯了先说："那不可能"，习惯了没有奇迹，习惯了一切，习惯了自己的习惯。可是正如电影《飞越疯人院》中麦克默菲说的那样："不试试，怎么知道呢？"

为什么会有那么多人，宁可在事后后悔，也不愿试一试自己能否做到？恐怕没有人会说："对，我就是这样的孬种！"然而，我们却常常在不该打退堂鼓时拼命打退堂鼓，因为恐惧失败而不敢尝试成功。这也正是我们许多人面临的很实际的一个问题：我们想做自己梦想的事，但就是害怕去尝试，害怕失败，害怕未知，害怕危险，最后，只好在自己觉得安全的"世界里"待着，度过一生。

你想等到失败之后，等到自己的人生即将落幕的时候，才后悔自己还没有潜力没发挥，还有梦想没实现吗？

不怕做不到，就怕想不到

一个人的思想在很大程度上决定了他个人的成败。如果别人失败了，你只需要一个正确的想法，紧接着行动，你就可以成功；如果你自己失败了，你也只要转换一个正确的想法，紧接着行动，你就可以成功。

1914 年，马赛尔·毕奇出生于意大利北部的古城都灵。因为他父亲是一个工程师，喜欢旅游，毕奇就在旅行中度过了童年，这使他变得富有探索和创造精神。18 岁时，毕奇兼职推销手电筒，积累了丰富的推销经验。

毕业后，毕奇到了法国最大的制笔公司——斯蒂芬公司，担任生产经理。毕奇在那里熟悉了制笔的技术和业务流程，他产生了一个疑问："为什么不生产物美价廉的一次性圆珠笔呢？"

当时，市场上流行的是多次性圆珠笔，质量好的在 10 美元左右。毕奇发现，因为这种笔价格贵，人们用坏后也不舍得扔掉，总是想方设法把它们修好。能不能生产一种不用修理，用一次就扔掉的笔呢？毕奇认为关键就是要把成本降下去。

1944 年下半年，毕奇与他的朋友埃沃德·巴福等凑齐了 1000 美元，在巴黎郊区买下一间破旧的房子，开始研究和改善一次性圆珠笔。毕奇的目标是发明既便宜又可靠的一次性圆珠笔，使它在用完之前一直性能良好，而用完后可毫不可惜地扔掉。

经过 4 年的努力，毕奇发明了第一支毕奇圆珠笔。1950 年，毕奇制作了第一个一次性圆珠笔模型，试图把他的技术卖给一些制笔公司。

　　威特曼公司是美国一个历史悠久的大公司，毕奇提出，只要他们付给他一笔费用，就可以转让他的发明。但是，制笔公司根本就不考虑，他们对毕奇的发明不屑一顾。

　　毕奇一气之下，决定自己生产一次性圆珠笔。为了降低成本，毕奇购买了一流的加工设备，用生产流水线来生产一次性圆珠笔。就这样，毕奇发明的一次性圆珠笔，售价仅每支29美分。1953年，毕奇在巴黎介绍他的一次性圆珠笔时，引起了轰动。产品推向市场后，因为物美价廉，方便实用，很快成了畅销品。

　　在3年内，毕奇的圆珠笔日销量达到了25万支，这使其他制笔公司一夜之内几乎失去了所有的市场，叫苦不迭。很快，毕奇又把眼光对准了国外市场。他通过英国的比罗·斯尼公司，迅速占领了澳大利亚、新西兰和加拿大等国的市场。1958年，毕奇收购了美国的华特曼钢笔公司。10年内，毕奇的圆珠笔在美国的销量达到3亿支，每个美国人平均拥有一支半。

　　毕奇因为正确的思考，开创了自己的事业，获得了巨大的财富。

　　很多成功者，其实没有过人之处，也没用特别的机遇，他们之所以成功，原因就在于，他们敢于去做自己想到的事，并且能持之以恒地努力奋斗。由此可见，想要成功，就要敢做。

第三章

诠释独一无二的你

　　每个人生来就是独一无二的，或许你有很多不如别人的地方，但是身上的每一个地方总会有上天赋予它的意义，你只要善于发现、善于利用，你会成为最好的自己。

　　谁不曾茫然过？苦苦寻觅却总找不到属于自己的人生意义所在，但是大胆地设想各种可能的自己，你总能活出一番像样的人生。

不做别人的复制品

每个人都是这个世界上独一无二的个体，各有各的优缺点。如果所有人的优缺点都一样，那世界就没有了生机。所以，如果你有自己的特点，就不要随意为了谁而改变它，哪怕别人认为不好，也没必要改，否则你就不是你了。

生活中，一味地模仿之所以不可为，原因之一就在于它抹杀了个性。事实上，保持自身的个性和尊重别人的个性同样重要。不能保持自身的个性是一种"懦弱"，不能尊重别人的个性是一种"霸道"。

有一天，动物们在森林里联欢，轮到猴子表演节目了，它跑出来给大家跳了一段舞蹈，动物们看到它的舞姿都赞不绝口。

一只坐在角落里的小骆驼，看到这样的情况，心里非常羡慕。它心想："我也想个办法，让大家称赞我一番。"

于是，小骆驼就站起来大声说："各位，请安静一下，我要跳一曲骆驼舞给大家看。"动物听了都很兴奋，睁大眼睛看着。

小骆驼鞠躬之后，开始摇摆身体，它滑稽、丑陋的舞姿，不仅没有获得动物的赞美，反而引来大家哈哈大笑，然后还对骆驼的奇特的长相指指点点。

小骆驼觉得很伤心，就偷偷地溜出森林躲起来了。骆驼妈妈看到小骆驼黯然神伤的样子，就去安慰它。小骆驼终于忍不住问妈妈：

"妈妈，我们是不是长得很奇怪？为什么我们的睫毛那么长?"

骆驼妈妈说:"当风沙来的时候,长长的睫毛可以让我们在风暴中都能看得到方向。"

小骆驼又问:"妈妈,为什么我们的背那么驼,丑死了!"

骆驼妈妈说:"这个叫驼峰,可以帮我们储存大量的水和养分,让我们能在沙漠里耐得住十几天的无水无食生活。"

小骆驼又问:"妈妈,为什么我们的脚掌那么厚?"

骆驼妈妈说:"那可以让我们重重的身子不至于陷在软软的沙子里,便于长途跋涉啊。"

小骆驼高兴坏了:"哇,原来我们这么有用啊!"

所以,不要因为自己与众不同而觉得惴惴不安,那恰恰就是你特别的地方。成长的过程的确需要不断学习,需要不断完善自我,但这不是盲目的模仿,而是要懂得学习他人的长处,同时也要保持自己的个性。

因为出生、成长、父母、地域等的不同,每个人都有不同于别人之处。有人将其看成优点,用心培养,取得了应有的成就;有人将其当成缺点,一味地逃避,最后迷失了自己。然而,对于所有人而言,生活本身就是一个故事,关键看你能不能找到属于自己的大道理。天生我才必有用,你愿意让你的才干、潜能,去跋涉,还是被圈养?刻意地模仿别人,只会让你失去原本属于你自己的东西。如果你的模仿没有突破自我,而是跟在别人后面亦步亦趋,只会如笨拙的骆驼一样,招来别人的嘲笑。

一个人是否能够成功主要是受到个人条件、努力程度和机遇等因素的影响,并不是复制就能成功的。你以为按照别人的经验、想法、模式就能获得别人的成功吗?不管从哪个角度来说,可能性都极其微小,因为你们当下的时势已经不同,你们所在的环境也不同，即使你肯付出同样的努力，也未必能复制别人的成功。很多人看到比尔·盖茨大学都没有毕业也一样成了世界首富，就想着自己也早早辍学去创业，但是你就算完全按照比尔·盖茨的人生来过一遍，也未必能创造第二个"微软"。

全面认识自己

我们常常会抱怨自己人生不如意，但是，毫无疑问的是。有时候不是环境出了问题，而是我们自己出了问题，可能是我们没有能够选择正确的人生方向，也可能是我们对自己能力的认识存在偏差，等等。只要我们能正确地认识自我，社会总有我们的立足之地。

斯芬克斯是希腊神话故事里一个狮身人面的怪兽。它有一个谜语，询问每一个路过的人：早晨用四只脚走路，中午用两只脚走路，傍晚用三只脚走路，这是什么？如果你回答不出，就会被它吃掉。它吃掉了很多人，直到英雄的少年俄狄浦斯给出了谜底。

俄狄浦斯的回答是人。他解释说：在生命的早晨，人是一个刚出生的婴儿，用四肢爬行。到了中午，也就是人的青壮年时期，他用两只脚走路。到了晚年，他是那样苍老无力，以至于不得不借助拐杖的扶持，作为第三只脚。斯芬克斯听了答案，就大叫了一声，从悬崖上跳下去摔死了。斯芬克斯之谜，其实就是人之谜、人的生命之谜，解谜也是人类从懵懂到自知的过程。

其实，很多人都不够了解自己。我们了解自己的欲望，却不了解自己的本性；了解自己的所缺，却不了解自己的所有；了解自己的容貌，却不了解自己的形象。

这就需要我们静下心来，问问自己真正的爱好是什么，有哪些长处值得发扬，有哪些缺点应该改正。每天抽出一段时间反省自身，定能受益匪浅。

我们要想取得成功，必须从认知自己开始。对自己看得越准确、越透彻，选择的道路就会越正确，自身的潜力就越能发挥出来，成功的可能性就越大。

古人云：人贵有自知之明。自我认知是一个人一生事业成功的关键。

老子曰：知人者智，自知者明。

认清自己有利于发挥自己的聪明才智。许多人平庸一生，不是他们没有才能，而是终其一生都没有发现自己的才能，自然也就不能够"物尽其用"。世界上许多有成就者之所以获得成功，最主要的是他们认识到自己的才能。

有时，我们认不清自己的长处，以为自己就应该平平庸庸度过一生。有时，我们又认不清自己的短处，总以为自己无所不能，只要肯努力就一定会有一番作为。更要命的是，有时候我们认清了自己，却不能正视现实，依然故我，在老路上前行。

一个人要实现自己的人生价值，就得正确地认识自己，珍惜有限的时间，应该知道自己能够做些什么事。

美国跳水运动员格里格·洛加尼斯开始上学的时候很害羞，因为口吃，在讲话和阅读时他总会受到同伴的嘲笑，这令洛加尼斯非常沮丧和懊恼。

但格里格·洛加尼斯非常喜欢并且擅长舞蹈、杂技、体操和跳水。他知道自己的天赋在运动方面而不在学习上。随后，他开始专注于舞蹈、杂技、体操和跳水方面的锻炼，他希望自己能凭借运动方面的出色表现而赢得同学们的尊重。由于他的天赋和努力，他开始在各种体育比赛中崭露头角。

但自升入中学后，随着课业的加重，洛加尼斯发现自己有些力不从心了，因为无论是舞蹈、杂技、体操、跳水，都需要勤奋地练习，但他不可能有充裕的时间和足够的精力去做这么多事。他知道自己必须要有所舍弃，只能专注于一个目标。就在这时，洛加尼斯幸运地遇到了他的恩师乔恩——一位前奥运会跳水冠军。经过对洛加尼斯的观察和询问后，乔恩肯定了洛加尼斯在跳水方面更有天赋，建议他专心投入到跳水中去。

而后，洛加尼斯经过专业训练和长期不懈的努力，终于在跳水方面取得了骄人的成就。由于对运动事业的杰出贡献，洛加尼斯在 1987 年获得世界最佳运动员和欧文斯奖，取得了一个运动员所能得到的最高荣誉。

从洛加尼斯的例子中我们可以知道，一个人要实现自己的人生价值，就得正确地认识自己。一个人在自己的生活经历中，在自己所处的社会环境中，能否真正认识自我、肯定自我，如何塑造自我形象，如何把握自我发展，如何抉择积极或消极的自我意识，将在很大程度上影响甚至决定着一个人的前程与命运。换句话说，你可能渺小而平庸，也可能美好而杰出，这在很大程度上取决于你是否能够充分认识自己。

日本保险业泰斗原一平在 27 岁时进入日本明治保险公司开始推销生涯。当时，他穷得连饭都吃不饱，还在公园里露宿。

有一天，他向一位老先生推销保险，等他详细地说明之后，老先生平静地说："听完你的介绍之后，丝毫引不起我投保的兴趣。"

老先生注视原一平良久，接着又说："人与人之间，像这样相对而坐的时候，一定要具备一种吸引对方的魅力，如果你做不到这一点，将来就没什么前途可言了。"

原一平哑口无言，冷汗直流。

　　老先生又说："年轻人，先努力改造自己吧！"

　　"改造自己？"

　　"是的，要改造自己首先必须认识自己，你知不知道自己是一个什么样的人呢？"

　　老先生又说："你在替别人考虑保险之前，必须先考虑自己，认识自己。"

　　"考虑自己？认识自己？"

　　"是的！赤裸裸地注视自己，毫无保留地彻底反省，然后才能认识自己。"

　　从此，原一平开始努力认识自己，改善自己，大彻大悟，终于成为一代推销大师。

　　由此可见，正确地认识自我，对自己有一个正确的定位，是何等重要。有些人一辈子忙忙碌碌，但到头来却一事无成。虽然并没有什么过错，但成就也寥寥无几。彻底反省一下自己，就会发现这归根结底还在自己没有很好地认识自己、把握自己。

　　在人生道路上，成功者无不经历过几番蜕变。而蜕变的过程，也就是自我意识提高、自我觉醒和自我完善的过程。人的成长就是不断地蜕变，不断地进行自我认识和自我改造。对自己认识得越准确深刻，人取得成功的可能就越大。

你所具有的优势

命运为每一个人准备了不同于别人的优势，从这个角度看，任何人都没有必要因别人的出色而轻视自己，也许就在你羡慕别人的时候，也正在被别人以羡慕的眼光欣赏。一些时候，自己的欣赏往往比别人的欣赏对自己人生的成功起到更大的推动作用。那些不会赞美自己、欣赏自己的人，积极向上的愿望便不会被激发，他们也无法紧紧抓住改变自己、成就自己的机会。

知道自己短处很重要，但知道自己的长处更重要，同时把自己的长处发挥到极致，是自我成功的起点。

益川敏英大学时就读于日本著名的名古屋大学。然而就是这样一位世界著名的物理学家，大学时的英语成绩却是非常的差。每次考试成绩都在全年级里排名倒数。然而面对自己如此之差的英语，他费了很大的力气，想尽一切办法想提高自己的水平。他请教老师、同学，甚至是废寝忘食的去加班加点的学习，但是最终的结果却并不理想。

有一天，益川敏英向他的英语教授请教一个很简单的问题，但是这个问题在这位教授上课的时候已经多次讲到。所以这位教授并没有直接回答益川敏英提出的问题，而是对益川敏英揶揄道："连这么简单的问题都不懂，真够笨的。你的英语成绩这么差，怎么有可能到外国去留学，又怎么可能读得懂英文版的课程！"教授的话深深地伤害着益川敏英的心灵，他一直都梦想着去英国的剑桥大学去留学，成为著名的物理学家，而英语不好会让他的梦想破灭，他突然觉得自己前途一片黯淡。

郁郁寡欢中，益川敏英和几个朋友去酒馆准备借酒消愁。刚一入座，他就急着喊服务员上酒。不一会儿，一只打扮成服务员模样的猴子拿着一瓶酒和几个杯子飞快地跑到益川敏英等人面前摆好，然后又飞快地跑回去拿盘子和碟子。益川敏英看到猴子像人似的那么的灵活和敏捷后，被深深地吸引住了。他疑惑地问老板是怎么把猴子训练得像人一样听话。老板笑着对他说道："人也好，动物也好，总有一项功能是胜过于别人或其他动物的，只要你寻找到了，并不断地挖掘，持之以恒，那么不要说猴子，就是猪也能训练成舞蹈演员啊！"

听完了老板的话，益川敏英不禁将眼睛瞪得大大的，他的眼前仿佛绽放出一道绚丽的色彩，他有了一种醍醐灌顶的顿悟和美好，那横亘在眼前的英语不好的障碍，已经显得不再那么重要，重要的是把自己喜欢的物理学好。

三年的时间过去了，益川敏英不仅从大学顺利的毕了业，而且还考取了英国剑桥大学物理专业的留学生。从剑桥大学物理系毕业后，他被美国物理研究所聘为高级研究员。2008 年，68 岁的益川敏英靠小林—益川模型，与小林诚及南部阳一郎共同获得那一年的诺贝尔物理学奖。益川敏英也因为当年酒馆老板的一席话，把努力的重心放在自己的优势上，不去在意学不好的英语，并最终走向了成功。

益川敏英的成功告诉我们，每个人都有自己的强项和弱项，我们不能总是用眼睛去盯着自己不擅长的事情，而应该把目光放到我们所擅长的事情上去，做到取长补短。你不用什么都会，但是，你会的那件事，必须做到最好。就像益川敏英一样，也许他的英语成绩并不好，甚至是很差，但是他把重点放在了自己擅长的物理学上，并经过几十年的努力，最终获得了科学界的最高奖项诺贝尔奖。从益川敏英的身上我们看到了——一个人只要认清自己的优势与劣势，扬长避短，坚持不懈地朝着自己优势的方向努力，那么我们也可以成就非凡的人生。

　　现实生活中，不乏很多不自知者，这些人有的志大才疏，自命不凡；有的妄自菲薄，缺乏自信；有的在能力方面以己之短，搏人之长，终究事倍功半，成就寥寥；有的在兴趣方面朝秦暮楚，见异思迁，到头来岁月蹉跎，年华流逝。人要实事求是、辩证地看待自己的长处所在，充分发挥自己的优势，这样才能走向成功。

认为自己很重要

你就是唯一，你和别人不同，你要始终认为，你是最好的，你能成功，你的成功取决于你自己的信心，用心才能让成功无处不在。

你一定要相信自己，否则没人会相信你。

自信不是被动地等待，而是主动的出击。机器必须要运转才能产生作用。主动的信心一无所惧。有了自信，能鼓舞士气，渡过难关，能战胜失败，克服恐惧。

自信是你对宇宙力量的一种了解、信任以及融合的表现。不过，只是具备信心是不够的，你必须运用它。

他刚开始学戏的时候经常挨打，但话说回来，旧时学艺的人有几个没挨过打？压腿、踢腿、倒立、抢背……尤其是学武生在练功的时候。可是，他挨的打就特别多，都成了家常便饭。他挨打的主要原因就是因为一个"笨"字。笨得让人觉得他根本就不是学戏的料，可是他偏偏执意去学戏。

他笨的主要表现之一就是他的念白，他学习念白的时候，总是"一嘟噜一块"。他的念白之所以这样，是因为他口齿不清，是"大舌头"。口齿不清的"大舌头"念白是特别可笑，他一念白，周围的人都忍不住想笑出来。科班的师傅也对他非常地失望，有一个师傅听着他的念白，又气又好笑，对他说："就凭你这块料，什么时候能吃得上'蹦虾仁'啊！祖师爷不赏你这碗饭，你还是卷铺盖走人吧！"

他的笨还表现在他的记忆力上，一段文，师傅说一遍两遍三遍，别人就能记下个大概，可是他不行，他一点都记不住，师傅又得再说一遍又一遍，渐渐的，师傅心中有怒气，就打他。可是越打他越怕，越怕他就学得越慢。

口齿不清的"大舌头"，记性又不好而且学得慢，他还能笨到哪里呢？就这三条，对一个想登台的人来说，不已经是最致命的伤害了吗？可是他偏偏喜欢登台演戏，为了摆脱"大舌头"的毛病，他有他的"绝活"：他整天拿着一个大粗瓷坛，用嘴对着坛口，大段大段地练习念白，因为坛子可以拢音，可以把他的念白清晰地反射到耳朵里，以辨瑕瑜，同时又可以不打扰别人。但是想熟记戏文却没"秘诀"了，他只能夜里不睡觉不停地背戏文，无论角色大小，他都可以把戏里所有的剧目"默演"一遍又一遍，所以说，一本戏文，别人唱过10遍，他至少已经唱过50遍有余。

因为笨，科班根本没有把他当角儿来培养，可是他呢？却把自己当角儿来严格要求。虽然他常常只能演家院、门子等的小角色，但为了"扮戏"漂亮，他总是可以提前把行头的护领、水袖拆下来，洗得非常干净。他把靴底用大白呢子刷得又白又净，站在台上显得格外精神。

然而最夸张的那一次，他发现自己的眉毛总是出岔子，这样用眉笔画眉毛时就显得不美观，笨得可爱的他竟让剃头师傅把自己的眉毛剃光。管箱师傅看他这样认真，就讥笑他说："得了，多大个角儿啊！费这么大劲你认为台下观众能看清楚你吗？"

"台下观众虽然看不见，可是我自己能看得见自己！"他回答道。

他是笨，以他的先天条件，根本就不是演戏的材料，可是同他一起进"喜连成"科班学戏的众师兄弟师姐妹们,虽然各个天资都比他聪慧,但是只有他一人红遍大江南北。他承认自己学戏比别人笨,但是,他说,反而恰恰因为他自己笨,他才勤学苦练;也正是因为笨,他才能有后来的成功,人们形容他的演唱:流利、舒畅,雄浑中见俏丽,深沉中显潇洒,奔放而不失精巧,豪放又不乏细腻。不错,这个"笨人"就是马连良,他以独特的风格,在中国京剧舞台上绽放了灿烂的光芒。他的演唱艺术被世人称为"马派",是当代最有影响的老生流派之一。

也许我们真的不出众,不够优秀,在很多人看来就是大千世界小小的一分子,也没有什么特别重要的存在价值,但是我们必须肯定自己的价值,给自己的内心一种力量和热情,使自己的心态倾于积极向上的状态,这种热情和力量便是鼓励和赞美。得到别人的鼓励和欣赏,可以帮助一个人战胜自我,获得自信,从而更加勇敢地面对生活。但是别人的赞赏可遇不可求。佛说:求人不如求己。因此,学会欣赏自己,把自己看成一个很重要的角色,才能演绎出最动人的画面。

一个人如果感觉自己活着失去了意义,那他就会丧失活下去的勇气;如果他感觉自己活着非常重要,那他就会用超人的毅力与勇气坚强地选择活下来。这体现了一个人的价值,一个感觉自己有价值的人,他可以为了把自己的价值表现出来而努力,最终克服一切困难。

其实,不论我们身处何种环境,过着怎样的生活,我们的身上都有着别人不可替代的优点和作用,对于每个人来说,自己就是独一无二的,自己的存在有着无比重要的意义。

发掘自己的潜力

每个人都是不同的个体，同时身上都蕴藏着一份特殊的才能，那份才能犹如一位熟睡的巨人，等着我们去唤醒它，而这个巨人就是——潜力。

充分挖掘自身的宝藏，发掘自己的潜力是生命的意义之一。追求成功，重要的一点就是要相信自己的能力，看好自己身上的潜力，从开发自身的潜力到发挥出自己的潜力，走出一条真正属于自己的成功之路。当你能更有效地利用自己的宝藏，为实现自己的理想而付出努力时，你的人生将拥有各种可能。

有人问，美国橄榄球教练杰米·约翰逊是怎么把达拉斯牛仔队这个烂摊子改造成一支战无不胜、无坚不摧的超级杯冠军队的，约翰逊说：相信自己能赢，就一定能赢，人的潜力是具有无限力量的。他还举了一个现实生活中的例子。

他说：几年前，得克萨斯技术大学一位叫阿尔伯特·金的教授做过一个试验。他召集了一帮劳工，办了一个电焊培训班。金教授告诉教电焊的老师，班上某某等人具有电焊天才，是好苗子。其实，金教授只是随便点几个人的名字而已，他自己对这些工人的才能如何也一无所知。但是，老师却把金教授的话铭记在心。他真的把那几个人当做好苗子，经常用肯定和鼓励的语言促其上进，并明确无疑地对其寄予很高的期望。结果，培训班结束后，那些最初被金教授点过名的人真成了班上的佼佼者。

约翰逊又说：不论我是把一个球员当作一个胜利者看待，还是将整个球队看作一支冠军队，或者是将教练助理视为甲级队中最聪明、最勤奋的教练助理，关键是我树立起了球队的自信，这才是我们赢的真正动力。

相信自己能赢，就一定能赢！这就是约翰逊仅经过短短的4个赛季就把一支失魂落魄的橄榄球队塑造为全美超级杯冠军队的秘诀。

如果一个人敢于向自己以往的表现和能力水平挑战，当遇到困难时，便会尝试花更多的精力来解决它。经过不断学习，他的能力就会有所提高。设定具有挑战性的目标可以提高人的创造力，可以使人不断地发掘自己的潜能，超越自己现在的水平。

罗斯福曾说过：杰出的人不是那些天赋很高的人，而是那些把自己的才能在可能的范围内发挥到最高限度的人。

但问题就在于，大多数的人们，仅仅会凭着当下个人表现出来的能力而对自己失去信心，不敢相信自己也可能有非凡的潜能。所有的自卑感、所有的失败都源于我们不够相信自己。如果我们对自己潜在的能力有一个更全面的了解，更信任自己，那么，就算还没有取得任何成就的人，也完全有可能获得更大的成功。如果我们对人类的潜力有更多的了解，我们定会有更强的自信。

每个人身上都有巨大的潜力没有开发出来，所以人能够不断地超越自己。美国学者詹姆斯据其研究成果说：普通人只发挥了人内蕴涵潜力的1/10。与应当取得的成绩相比，我们不过是半醒着的，我们只利用了我们身心资源中很小的一部分。既然人人都有巨大的潜力，为什么实际生活中人与人却千差万别呢？这当然是由心理态度与努力程度不同所决定的，也和所受的教育和所处的环境不同有关。

有这样一个古老的故事：有一个很有威望的国王，他十分担忧自己唯一的儿子、王位继承人因为知道自己将成为国王而变成一个骄奢淫逸的年轻人，为了避免这种事情的发生，国王决定让王子在不知道自己的血统和未来将要继承王位的情况下长大成人。因此，在王子尚处幼年时期，国王便悄悄地将他送给了一对住在森林中的伐木工人夫妇，并嘱咐他们要像对待自己的孩子那样对待王子。国王和王后从此便再没有去看过王子，也没有同他们有过任何联系。除了伐木工人夫妇，谁都不知道王子的身世秘密，王子身上穿着同其他孩子一样的衣服，从小就学会了劳动和学习，努力做优秀的人。

一个从小在宫廷长大的孩子往往会因奢华的生活和包围在身边的诏媚而变得意志薄弱，这一切甚至会毁掉他的品质。然而小王子却过着极为简单朴素的生活，全然不知什么叫奢侈，什么叫阿谀奉承。最后，王子长成了一个高大健壮的毛头小伙子，一个马上要步入成年的意气风发的少年。这时，宫廷里派了一个信使来到伐木工人家里，要将王子带回皇宫，直到这时，王子才知道自己的亲生父母是谁。

大多数人都是那个生活在贫穷的伐木工人夫妇家里的小王子，我们不知道自己是谁，不知道自己高贵的身份，不知道自己具有上天赋予的潜力。

我们压根就对自己潜在的超凡能力毫无察觉，而这种力量却一直等着我们去支配。人的本性就是追求目标，实现心愿。不论你的愿望是什么，只要你目标明确地想干成什么事，想成为什么样的人，你的大脑和神经系统就会源源不断地提供你所需要的信息，驱使你自觉地甚至是无意识地向着追求目标、实现愿望的方向运动。所以，我们可以相信，坚持心理上的积极的自我暗示，就会使自己变得自信主动，有生气、有活力、有创造性。

　　大千世界，芸芸众生，生来就智慧非凡的人毕竟是少数，通过后天努力而变得智慧的人却大有人在，这类人其实也并没有什么绝招，只是通过自己的努力，把自己的潜力挖掘出来而已。

没有满分的人

威尔斯坦利是美国一所大学著名的经济学教授。由于他的课教学方法独特，教育理念新颖，思维模式超前，因此非常受学生的欢迎。

在威尔斯坦利的学生中，有一千多位都成了国际国内著名的经济学教授，三千多位成了世界各界的精英人士，还有三位诺贝尔经济奖的获得者。然而，这些优秀的学生在威尔斯坦利的课程中，从来没有得过 100 分。更令人感到不解的是，威尔斯坦利教授在近半个世纪的教学生涯中从来没有给过任何一个学生满分。

在这位著名的教授退休的日子，学校为他举行了专门的欢送大会。在会上，一位学生终于忍不住向威尔斯坦利教授提出了这个问题："威尔斯坦利教授，在您 50 年的教授生涯中，为什么从来没有给哪个学生打过满分呢？"须发皆白的老教授微笑着说："这个世界上从来就不存在完美的东西。即使是圣人，也不可能完美无缺。所以，我的学生又怎么会是没有任何缺陷的呢？正是因为这样，我才没有给任何一个人评过满分。"

听了这个解释，记者依然一头雾水。威尔斯坦利教授接着给大家讲了这样一个故事：

在我们的学校里，曾经有过这样一位老教授，他学识渊博，并且十分疼爱自己的学生。在他几十年的教学生涯中，他曾教过许多优秀的学生。这其中有些学生不但才思敏捷，而且做起题来也非常棒，几乎是完美的天才。于是，这位老教授为了激励学生，经常给他们的作业打100分。

本来，老教授认为自己既然给这些优秀的学生打了满分，他们肯定会受到激励，下次会做得更好，会依然获得满分。可结果却让老教授非常失望，一些得满分的学生，下次考试成绩却是98分，95分，甚至是更低的分数。到了最后，这些优秀的学生成绩会变得越来越差。

到了年终考试的时候，这些最优秀的学生却往往成绩非常差，有的甚至还不及格。

后来，这位老教授终于明白，不管多么优秀的学生，一旦你给了他满分，他就会产生懈怠的心理，从而学习成绩越来越差。因此，在面对满分的考卷时，要千方百计想办法扣他一分。这样，他会有继续前进的目标和动力。

从那之后，这位老教授再也没有给过任何一位学生满分，而这些优秀的学习成绩却始终保持住了。老教授退休时对他的儿子说："千万要记住，人生没有满分！"

幸运的是，他的儿子将这句话记了一辈子。这位老教授就是我的父亲。

威尔斯坦利教授的话音刚落，台下响起了雷鸣般的掌声。

这个世界上不存在十全十美的东西，任何东西都有它一定的缺陷与不足。人生也是如此，没有一个人的人生是十全十美的，即使再优秀，再成功，也永远不可能是满分。因此，要时刻保持努力，向着自己人生的满分一路前进。

世界并不完美，人生总会有不足。留些遗憾，倒可以使人清醒，催人奋进，反而是件好事。有句话叫做没有皱纹的祖母最可怕，没有遗憾的过去无法链接人生。人生确有许多不完美之处，每个人都会有或这或那的缺陷，但是我们每个人都会因为追求完美，而努力想要把自己变得更好。

选择适合自己的路

在充满竞争的今天，勤勉和努力固然不可少。但是，你必须要知道的就是：方向比努力更重要。如果不根据自身的条件选择一条适合自己的路，无论你怎么努力，都是枉然。

生活中，我们常常忽略对自己的审视，往往只强调努力和付出，但并不是所有人只要付出努力，有了目标就可以取得胜利的。人首先要找准自己的方向，否则，很可能就只是做无用功。注重对自己的综合素质进行分析和论证，找出一条最有利于发挥自己潜质的道路，而这恰恰是走向成功最重要的环节。

对于每一个人，乃至于一个企业来讲，都要有一个最适合于自己的发展路线，只要沿着这条路线一直走下去，就会离成功越来越近。

因此，成功，除了"努力"以外，更需要看清楚"方向"，虽然有很多人会选择不断地换跑道、换环境、换工作或者是拼命地劳碌奔波，有时不妨暂时放慢脚步，想一想：这条路真的是我"想"走的吗？真的是我"该"走的吗？真的是"适合"我走的吗？假如杨振宁一条道走到黑，没有及时找到适合自己的路，恐怕他至今还是一个默默无闻或者错误百出的实验者。

假如你在当下的这条路上一直困难重重，难以前进，那么，你应该想想这条路是否适合你？当你经过自己的掂量，敢于做出一个大胆而明智的决定，那么，成功的机会就会向你走来。成功的道路不止一条，不要循规蹈矩，更不能放弃成功的信心，此路不通，另辟蹊径。懂得放弃该放弃的人不仅能够找到成功的突破口，而且还可以因为曾经走过一条错的路更能清楚地知道到底怎样的路才是适合自己走的。一条走了很久的路，都看不到终点，也许换另一条路，就通了。

英国著名诗人济慈本来是学医的，后来发现了自己有写诗的才能，就当机立断，放弃了医学，把自己的整个生命投入到写诗当中去。他虽然只活了 20 几岁，但他为人类留下了许多不朽的诗篇。

伽利略原本是被送去学医的。但当他被迫学习解剖学和生理学的时候，他却偷着学习欧几里得几何学和阿基米德数学，偷偷地研究复杂的数学问题，当他从比萨教堂的钟摆上发现钟摆原理的时候，他才刚满 18 岁。

罗大佑的《童年》《恋曲 1990》等经典歌曲影响和感动了一代人。罗大佑起初也是学医的，后来他发觉自己对音乐情有独钟，所以他弃医从乐，事实证明他的选择是对的。

俄罗斯著名的男低音歌唱家夏里亚宾也曾有此遭遇。十几岁的时候，他来到喀山市的剧院经理处，请求经理听他唱几支歌，让他加入合唱队。但他正处在变音阶段，结果没被录取。过了些年，他已成了著名歌唱家。一次他遇到了高尔基，和作家谈起了自己青年时代的遭遇。高尔基听了，出乎意料地笑了。原来就在那个时候，他也想成为该剧团的一名合唱演员，而且……被选中了！不过，很快他就明白，他根本没有唱歌的天赋，于是又退出了合唱队。

所以，不是所有的坚持都一定是对的，当你发现你正在一条不适合你的路上，你要学会放弃，放弃你不想做的事；同时，要学会选择，选择你喜欢并擅长做的事。只是在放弃之前，一定要问自己是不是真的是不合适。

放弃，但不轻言放弃，这样你就能做到在每一次放弃之前，都会深思熟虑一番，就会做到慎重面对每一次的选择，这样就可以减少日后不必要的后悔。放弃自己不需要的，放弃不属于自己的，放弃那些错误的选择，在自己的人生道路上，选择适合自己的人生坐标，你就能够充分发挥自己的聪明才智，改变你这辈子的命运，从而到达成功的彼岸。

每个人都是一条奔腾不息的河流，一路上你需要跨越生命中的重重障碍，才能有所突破，有所进步。在这个过程中，有一点很重要，善于放弃你所认为的自我，并且根据自己的目标做相应的改变。

在漫漫人生道路上，艰苦跋涉固然是不可缺少的，但千万不要忽视了不断对自己进行总结和认识。要经常审视自己的缺陷与优势、成功与失败，将实现个人目标必须具备的品质和条件找出来，并不断地调整方向，从中找出一条最适合自己的道路，那条通向成功的最佳途径。

做最好的自己

做最好的自己是我们每个人的梦想，但人生的道路上必然会经历欢乐与痛苦、幸福与磨难、平坦与坎坷。在人生旅途中，我们应该学会宽容与谅解。苛求完美，也许只能得到两败俱伤的结果。许多人穷其一生去追寻完美，却发现所谓的完美根本就没有什么意义。

曾有一个被劈去一小片的圆想要找回完整的自己，于是到处去寻找自己的碎片。由于自己是不完整的，所以滚动得很慢，从而有充裕的时间去领略沿途美丽的风景：盛开的鲜花，绿油油的小草，飘着朵朵白云的天空，清澈见底的湖泊……它和路边的鸟儿愉快地聊天，充分感受到了阳光的温暖。它找了很多不同的碎片，但都不是原来的那一块，于是它坚持继续寻找着。

直到有一天，它终于实现了自己的梦想，成为一个完美无缺的圆。可是由于滚动得太快，它错过了花开的时间，忽略了小鸟，也忘记了季节的变化。一天，它突然意识到虽然做到了完美的自己，但错过了身边的风景，于是它舍弃了历尽千辛万苦才找回的碎片。

这个故事告诉我们：虽然我们都不完美，但是我们却可以尽力做到最好。享受真实、快乐的自己，人生就是最好的。

最好的自己，是不会抱怨的自己，看着每天进步一点点的自己而感到自豪。无论做什么事情，我们都当作是为自己而做，这样就不会有怨言。想做的事努力去做，这个世界多姿多彩，每个人都有属于自己的位置，有自己的生活方式，有自己的幸福，何必去羡慕别人？安心享受自己的生活、享受自己的幸福，才是快乐之道。

你不可能什么都得到，你也不可能什么都会做，但是你只要得到你想要的，做你想做的，就是一件很完美的事。

也许你奔跑了一生，也没有到达目的地；也许你攀登了一生，也没有登上山顶。但是抵达终点的不一定是勇士，失败的也未必不是英雄。人生之路，无须苛求。一个出色的打牌者，他之所以出色，并不是因为他总能拿一手好牌，而是因为他能让手中所有的牌发挥最大的作用，用到最合适的地方。

不要因为看到别人的成功，心里就开始蠢蠢欲动，即使那样的成功看起来很美，但是你要想清楚，是不是适合你。有很多人，总是看不清自己的人生目标是什么，看着别人开公司当老板，就觉得那样好；看着别人当明星，觉得自己也去当明星好了；看着别人当官了，有权有势日子过得很安逸，又想去当官……每个人的一生都不尽相同，思想不同、意识不同、言行不同，所以构筑的人生风景也不同。

因为标准的不同，所以人们更加在意如何去判断哪种才是最好的，很多时候，人们总是不顾一切地去追求最好的，却忽略了，那个最好的，是不是源自自己的内心，是不是适合自己。

抛开形式，我们可以这样认为：适合自己，让自己感觉充实、快乐且有意义的，就是最好的。俗话说：条条大路通罗马，千万条路都可以到达同一个彼岸，路上的风景各有不同，你感觉适合你的，那一定就是最好的选择。

我们每个人是一个天然而成的自己，我们不应该拿别人的幸福作参照物。因为，每个人对每一件事物、每一天的生活都会有自己独特的感受。

一个男孩子出生在布拉格一个贫穷的犹太人家里。他的性格十分内向、懦弱，没有一点男子气概，非常敏感多愁，老是觉得周围环境都在对他产生压迫和威胁。防范和躲灾的想法在他心中可以说是根深蒂固，不可救药。

这个男孩的父亲竭力想把他培养成一个标准的男子汉，希望他具有风风火火、宁折不屈、刚毅勇敢的特征。

在自己父亲那粗暴、严厉且又很自负的斯巴达克似的培养下，他的性格不但没有变得刚烈勇敢，反而更加懦弱自卑，并从根本上丧失了自信心，致使生活中每一个细节、每一件小事，对他来说都是一个不大不小的灾难。他在困惑痛苦中长大，他整天都在察言观色。常独自躲在角落处悄悄咀嚼受到伤害的痛苦，小心翼翼地猜度着又会有什么样的伤害落到他的身上。看到他的那个样子，简直就没出息到了极点。

看来，懦弱、内向的他，确实是一场人生的悲剧，即使想要改变也改变不了的。他的父亲对他做过努力，但是最终看来已经毫无希望了。

然而，令人们始料未及的是，这个男孩后来成了二十世纪上半叶世界上最伟大的文学家，他就是奥地利的卡夫卡。

卡夫卡为什么会成功呢？因为他找到了合适自己的事，他内向、懦弱、多愁善感的性格，正好适宜从事文学创作。在这个他为自己营造的艺术王国中，在这个精神家园里，他的懦弱、悲观、消极等弱点，反倒使他对世界、生活、人生、命运有了更尖锐、敏感、深刻的认识。他以自己在生活中受到的压抑、苦闷为题材，开创了一个文学史上全新的艺术流派——意识流。他在作品中，把荒诞的世界、扭曲的观念、变形的人格，解剖得更加淋漓尽致，从而给世界留下了《变形记》《城堡》《审判》等许多不朽的巨著。

1904 年，卡夫卡开始发表小说，早期的作品颇受表现主义的影响。1912 年的一个晚上，通宵写出短篇《判决》，从此建立自己独特的风格。生前共出版七本小说的单行本和集子，死后好友布劳德（Max Brod）违背他的遗言，替他整理遗稿，出版三部长篇小说（均未定稿），以及书信、日记，并替他立传。

后世的批评家，往往过分强调卡夫卡作品阴暗的一面，忽视其明朗、风趣的地方，米兰·昆德拉在《被背叛的遗嘱》中试图纠正这一点。其实据布劳德的回忆，卡夫卡喜欢在朋友面前朗读自己的作品，读到得意的段落时会忍俊不禁，自己大笑起来。卡夫卡他是一位用德语写作的业余作家，他与法国作家马赛尔·普鲁斯特，爱尔兰作家詹姆斯·乔伊斯并称为西方现代主义文学的先驱和大师。卡夫卡生前默默无闻，孤独地奋斗，随着时间的流逝，他的价值才逐渐为人们所认识，作品引起了世界的震动，并在世界范围内形成一股"卡夫卡"热，经久不衰。

卡夫卡一生的作品并不多，但对后世文学的影响却是极为深远的。美国诗人奥登认为："他与我们时代的关系最近似但丁、莎士比亚、歌德和他们时代的关系。"

一位西方哲人说过，成功是没有标准的。只要我们尽了我们的力量，发挥了所有的潜力，而且尽了所有的财力和物力。这样，即便结果不是最优秀的，仍不失为一种成功。成功并不意味着都是第一，结果在有的领域是主要的，而过程则有它的魅力之处。结果给人带来的快乐只是暂时的，而过程给我们带来的快乐的回忆则是无尽的和永恒的。

生活中，有人会觉得别人做的事情非常好，就不考虑自身的条件而去跟着别人做同样的事情，却屡屡失败。而最好的自己，不过就是穷极自己的所有，去做了自己想做的事，而且做得非常棒。

第四章

想法不被设限才可以看得更远

不要总想着，这个我做不了，那个我不行，那些之所以能办到的人不是因为他们比你优秀，或者比你拥有更多可以成功的条件。总觉得自己不具备成功的条件，难道就真的不能成功了吗？

不要被固有思维所限制

一个犹太商人走进纽约的一家银行，来到贷款部，大模大样地坐了下来。

"请问先生有什么事情吗？"贷款部经理一边问，一边打量来人的穿着：豪华的西服、高级皮鞋、昂贵的手表，还有镶宝石的领带夹子。

"我想借些钱。"

"可以啊，您需要借多少？"

"一美元。"

"只需要一美元吗？"

"是的，只借一美元。可以吗？"

"当然可以，只要有担保，再多点也无妨。"

"好吧，这些担保可以吗？"

犹太人说着，从豪华的皮包里取出一堆股票、国债等，放在经理的写字台上。

"总共50万美元，够了吧？"

"当然，当然！不过，您真的只需要借一美元吗？"

"是的。"说着，犹太人接过1美元。

"年息为6%，您只要付出6%的利息，一年后归还，我们就可以把这些抵押还给您。"

"谢谢！"

犹太人说完，就准备离开银行。

一直在旁边冷眼旁观的银行行长怎么也弄不明白，拥有 50 万美元财产的人，为什么要来银行借一美元！他慌慌张张地追上前去，对犹太商人说："打扰一下，这位先生……"

"有什么事情吗？"

"我很想不明白，您拥有 50 万美元，为什么还要来借一美元呢？以你的抵押，你完全可以借更多的钱。"

"其实我不是需要钱，我只是想寄存这些股票。因为我之前询问了很多银行的保险箱，租金都非常地昂贵。而这样算起来，贵行的租金就太便宜了，一年只要 6 美分。"

对许多人来说，贵重物品的寄存按常理应该放在金库的保险箱里，这是唯一的选择。但犹太商人没有困于常理，而是另辟蹊径，找到让证券等锁进银行保险箱的办法，从可靠、保险的角度来说，两者并没有多大的区别，除了收费不同。

人一旦形成了习惯的思维定式，就会习惯地顺着定势思考问题，这种因循守旧的追随，虽然也不见得是坏事，但是会无形中关住自己。让人故步自封，墨守成规，做的事情要么保持一贯水平要么更糟。思维要随事物的变化而变化，不让常有的规律绊住自己，这样你才能适应这个世界的发展。换个思维去想你看到的问题，你才会有新的发现、新的收获。

安德烈·雪铁龙是法国雪铁龙汽车公司的创始人。在第一次世界大战爆发的时候，36 岁的雪铁龙应征入伍，被任命为炮兵队长。

当时，法军前线出现了炮弹短缺的局面。雪铁龙提出要建造一个日产 2 万发炮弹的工厂，这个建议很快获得了批准。可是在那个炮火连天的战争年代，想要日产 2 万发炮弹谈何容易？所有的精壮劳动力都应征到前线去作战了，哪里还有人造炮弹呢？

按照一般人的思路，没有劳动力是个很难突破的条件限制，可是雪铁龙创新性地雇佣妇女工作。在当时，人们对妇女普遍抱有偏见，认为她们根本干不了什么大事，在家缝缝补补还可以，怎么能去造炮弹呢？

可是雪铁龙不顾别人的反对，开始利用这一别人根本不会想到的资源。事实证明，女子并不输给男子，从试生产到正式生产的短短几个月中，炮弹日产量就由 1 万发上升到了 5.5 万发。

而雪铁龙的思路并没有止于此。在战后，他向众人夸下海口："以后要每天生产 100 辆汽车！"

几乎没有人相信他，大家认为这个人疯了。

雪铁龙是认真的，但他也确实看到了问题。面对自己经验不足、战后人们的购买力低下等条件的限制，他构思了一系列的新想法。

首先，他聘请了一位高级汽车工程师作为他的助手，而后针对人们购买力低下的状况，他专门走"低价"路线，生产耗油量少的汽车。这不仅降低了自己的成本，也让更多的人能够买得起汽车。与此同时，雪铁龙汽车公司也正式挂牌成立。

在对公司和产品的宣传方面，雪铁龙也是在有限的资源中，想出来巧妙的创意。第一次世界大战结束后，法国所有公路上的交通标志几乎已损坏。雪铁龙决定以公司的名义向法国政府提供各式路标并设立在全法国的公路上，不仅帮助法国政府解决了交通管理上的难题，这些路标也成了雪铁龙公司的宣传广告。

这样一路走来，雪铁龙用自己的思维解决了一个又一个的难题，使雪铁龙汽车公司成为当时世界第二大汽车制造公司。

在遇到难解的问题是，我们不固守常规的思维模式，就可能迅速找到问题的解决方法，开辟出一条全新的路。定势思维往往会把人的视线和思维限制狭隘的空间里，而处于这种状态的人，不愿也不会转个方向、换个角度想问题，这是很多人的一种愚顽的"难治之症"。

这种思维习惯定势的影响很大。在生活的旅途中，我们总是经年累月地按照一种既定的模式运行，从未尝试走别的路，这就容易衍生出消极厌世、疲劳乏味之感。所以，不换思路，生活和工作都会变得乏味，因为你总是无法看到新的东西。

跳过看似上天给你设置的高度

蒂尼·博格斯，身高 1.60 米，是 NBA 历史上身材最矮的球员。

博格斯从小就很喜欢篮球，最初用的篮圈是姐姐挂衣服的衣架制成的，篮球也只不过是个小皮球。8 岁那年，他有了一个真正的篮球，从此以后，他的生活就离不开篮球了。

中学时，博格斯对自己的朋友讲，长大要到 NBA 去打球。听到他的想法后，别人都忍不住大笑起来，因为 NBA 历史上还没有出现过 1.60 米的矮子。为了实现自己的梦想，他拼命苦练。中学毕业后，他进入巴尔的摩的韦克·福雷斯特大学。他卓越的组织指挥才能逐渐为人所知，获得了一个绰号：马格西，意为死死缠住对手、拦截等。

1986 年，博格斯入选参加了在西班牙举行的第 10 届世界男篮锦标赛。在争夺冠军的决赛中，在最后几分钟稍落后的苏联队奋起直追的场面下，是博格斯稳住美国队的军心。当时，只要他一拿到球，球迷们就拼命鼓掌。最后，美国队以两分优势战胜苏联队。

世界锦标赛后，博格斯成了明星，世界许多体育报刊纷纷采访他。西班牙记者理查德写道："锦标赛结束后，四处盛传美国队有个小不点，样子很滑稽，许多小孩都争先恐后去看他，结果发现这个篮球选手竟与他们自己一般高。"由于杰出球技与"侏儒"般的身材，博格斯成了人们围观的对象，只要他在哪儿出现，哪儿就有疯狂的人群。

博格斯说："我的确太矮，在高水平的职业篮球赛中闯出一番天地不容易，但我相信篮球并不是专让高个子打的，而是让那些有篮球才华的人打的。"而从前那些听说他要进 NBA 而笑倒在地上的同伴，现在常常炫耀地对人说："我小时候是和博格斯一起打球的。"

1987 年，博格斯作为职业球员来到华盛顿打球。第二年，他与夏洛特黄蜂队签约。在 1993－1994 年赛季，黄蜂队取得了多年来最好的战绩，这应首先归功于博格斯组织进攻有方，在 1990 年和 1994 年，他被评为黄蜂队最有价值球员。

2001 年他转会到小牛队后，小牛队主教练老尼尔森开玩笑地说："对于博格斯来说，他对我们最重要的是钻到一些大个儿的怀里将球掏出来。"

矮小的博格斯之所以能在 NBA 站住脚，靠的是他的速度、防守和百折不挠的意志。

他总是对孩子说，"身材矮小并不代表一切，只要你付出比大个儿更多的心血，并为实现自己的梦想努力奋斗，你也有可能成为 NBA 选手或是体育明星。"

有时候，上天总是会随机地给一些人贴上"身障者"或"失能者"或者其他的什么的标签，而这些标签可以提供诱人的藏身之处，有些人拿来当作借口，但也有些人超越了它们。那些不去在意标签，从而超越别人认为他们应该有的限制的人，通过自己的努力过着充满活力的生活，从事重要的工作。

对自己充分认识，并不是一味着眼于现在，一切以现在的优势和劣势来选择将来的道路。对自己起激发作用并决定个人价值信仰的内部力量，是更加有力的因素。如果我们具有强烈的主动性、创造力，我们就可以突破障碍，克服令人难以置信的困难，取得令人意想不到的成功。

客观地看来，人类也只是很平凡的物种。在力气上，人比不过大象、老虎，甚至比不过个头渺小的其他动物。人虽能昂首阔步地行走，但行动远不如动物灵巧。人的视觉不如鹰，嗅觉不如狗，听觉不如海豚，奔跑不如马……很多身体上的条件都比不过动物。鱼在水中游，鸟在空中飞，都是那样和谐完美。甚至小小的昆虫，都能有那么大的繁殖力和那么强的适应环境的能力。但是，主宰世界的仍旧是人类。人类能做到这一点，靠的完全是人类的智慧。人类的大脑，具有不可估量的力量，仅仅是这一差别，才使得人类统治了世界。

人的智慧可以使人超越自己身体的局限和不足。人没有翅膀，却可以驾驶飞机在天上翱翔；人的视力有限，却可以借助超能望远镜看到宇宙星空的细小变化；人类没有强有力的四肢，却可以乘坐各种交通工具到达世界的各个地方……

虽然人的能力确实很有限，但是人的智慧和精神却是无限的，我们可以通过发挥自己的智慧和精神，打破上天给我们的限制。当你的心不再被束缚的时候，还怕自己走不远吗？

不要用想象把恐惧放大

很多时候，很多事并不可怕，而是我们把它们想象得很可怕，然后那些事好像就真的会变得可怕。

在第二次世界大战时期，德国科学家为了执行希特勒的命令，做了一项惨无人道的心理实验。他们找了一位俘虏，然后告诉他将在他身上做一项生理实验，就是在他的手腕上划一个口子，然后看他身上的血一滴一滴地流光的生理反应。

这些德国士兵把这位战俘绑在实验台上，用黑布蒙上他的眼睛，然后用一块很薄的冰块在他的手腕上划了一下。同时科学家在他的手腕上放置了一个吊瓶，吊瓶里的水温跟人体血液的温度差不多，吊瓶管子的一端，放在这个战俘的手腕上方，于是水就从他的手腕慢慢地流下来。在他的下方，科学家放了一个铁桶，当这个战俘听着"滴答""滴答"的水声的时候，他就以为自己的血在往外流了。当然，他的手腕并没有被划破，但是他以为被划破了。

过了一个小时，这个战俘真的死了，而且死去的反应跟失血而死的人一模一样。因为他相信自己被放了血，于是就被自己想的吓死了。

可笑的是，有许多阵亡的士兵在战场上是被吓死的而不是战死的。他们误以为敌人已经击中了自己致命的部位，而实际上，子弹不但没有击中他，甚至都没有伤到他的一根汗毛。威廉·帕克医生讲过这样一个故事：

　　他曾经护理过一个高大的黑人士兵，这个人是被救护车送到医院的。当负责救护车的医务人员吓唬他说，在战斗中他已经被子弹击中致命部位时，尽管他高大健壮，脸膛黝黑，却仍然被吓得脸色煞白，而且"他的心脏不时地痉挛，就像已经处在了死亡的边缘"。经过检查，他的身上并没有发现外伤，但是这个黑人士兵却被告知有可能存在着致命的内出血。他预测自己被子弹击中了，因为他看到衣服上有个小洞，那是子弹留下的。于是，他的恐惧不仅没有丝毫减弱反而更加严重了。实际上，子弹根本没有碰到他的身体，而是被坚硬的纽扣挡住了，当他脱下衣服时子弹掉在了地上。当医生拾起变形的子弹给这位黑人士兵看时，刹那间，他原本呆滞的眼睛立即焕发出感激之情，他高兴得合不拢嘴，重新变得满面红光，脉搏和体温也恢复了正常。这位黑人士兵从检查台上走了下来，向医生致谢之后，精神饱满地走出了医院。真难以想象，在几分钟之前他还是一副要死的样子。

　　大家都熟悉的一个事实是，如果把一个人的双脚固定在铁轨上，与此同时，他自己也意识到火车正在呼啸而来，意识到自己难逃一死，那死亡的恐惧就会在他的血液中制造大量毒素，以至于即使他从铁轨上获救，这个人也已经被吓得半死。

　　在严峻的现实和激烈的竞争面前，很多人在未行动前便败给了自己，因为他们恐惧失败比相信成功更强烈。每件事情的结果都有两种，成功，或者失败，当你心中想得更多的是哪个，哪个便会成为事实。

　　20世纪50年代初，美国某军事科研部门着手研制一种高频放大管。科技人员都被高频率放大管能不能使用玻璃管的问题难住了，研制工作因而延迟没有进展。后来，由发明家贝利负责的研制小组承担了这一任务。上级主管部门在给贝利小组布置这一任务时，鉴于以往的研制情况，同时还下达了一个指示：不准查阅有关书籍。

经过贝利小组的共同努力，终于制成了一种高达1000个计算单位的高频放大管。在完成了任务以后，研制小组的科技人员都想弄明白，为什么上级要下达不准查书的指示？

于是他们查阅了有关书籍，结果让他们大吃一惊，原来书上明明白白地写着：如果采用玻璃管，高频放大的极限频率是25个计算单位。"25"与"1000"，这个差距实在太大了！

后来，贝利对此发表感想说："如果我们当时查了书，一定会对研制这样的高频放大管产生畏惧，就会没有信心和勇气去研制了。"

其实，真正的问题并不是问题本身，而是我们对问题的恐惧。

实际上我们仔细想想，我们所畏惧的那些最糟糕的事情从未发生过或发生的概率极小极小。因为它们几乎不存在，而只是我们的头脑虚构出来的。在工作和生活中，我们常常犯这样的错误：还没有真正与问题接触，就将其无端放大，以至于很快心生恐惧、逃避，最终这些恐惧将自己打败，不能解决问题。事实上，问题绝大多数时候并不如我们想象的那样严重，只要我们不畏惧，勇往直前，困难也没什么好恐惧的。

我们常常因为未知的事或者不能把握的事而担忧，然后看到的总是生活中不尽人意的事，而这种担忧会不知不觉让我们失去健康、梦想、自信和美好灿烂的未来，以及对生活失去信心。

想象是一件很神奇的事，我们为什么要用它把恐惧放大呢？我们应该用它来把生活想象得很美好，把一些糟糕的事情往好的方向想，尽可能地忽略或者缩小恐惧。

把恐惧转变为改变的力量

当面对恐惧，你会想到很多不好的后果，如果你一直想下去，只会越来越觉得恐惧，何不想想，该如何做才能改变这种恐怖局面的发生呢？

恐惧除了损害你的健康、占用你的时间、打击你对生活的信心之外，什么用处都没有。所有的问题都会有解决的办法，即使看起来不可能解决的事，也只是需要更多的时间而已。况且，如果事情真的不能解决，恐惧担忧又有什么用呢？不如把精力花在思考上，思考问题能不能解决，即使真的没有办法解决那有没有什么办法是可以将问题变得更小或者把目前这种不好的局面变得好一点儿。

有谁会因为打开报纸发现每天都有车祸，而不敢出门呢？

肯定没有这样的人吧。大多数人看到这样的新闻，心里想的是：我以后出门坐车或者走路都应该要更加小心一点儿。这样想，不是就没什么好恐惧的了吗？

其实面对很多问题的时候，我们都应当如此，不是去想这个问题有多吓人，而是应该想想，我如何做才能避免这样的问题。

琼斯在威斯康星州经营农场，有限的收入只能勉强维持全家人的生活，他的身体强健，工作认真勤勉，从来不敢妄想拥有巨大的财富。在一次意外事故中，琼斯瘫痪了，躺在床上动弹不得。亲友都认为他这辈子完了，事实却不然。

他决定让自己活得充满希望、乐观，做一个有用的人，继续养家糊口，而不至于成为家人的负担。

他把自己的构想告诉了家人："我的双手不能工作了，我要开始用大脑工作，由你们代替我劳作，我们的农场全部改种玉米，用收成的玉米养猪，趁着乳猪肉质鲜嫩的时候灌成香肠出售，一定会很畅销。"

"琼斯乳猪香肠"果然一炮打响，成为家喻户晓的美食。

天无绝人之路。当不幸来临的时候，如果我们只是一味地恐惧，并不会让这种不好的局面有什么转机，而是应该努力去寻找解决问题的方法，这样不幸也就不会带来什么恐惧了。

人生不总是一帆风顺的，各种各样的挫折都会不期而遇。幸运和厄运，各有令人难忘之处，不管我们得到了什么，都没有必要张狂或者沉沦。当你面对巨大的压力时，不要沉沦。你应该保持镇静，理智地应对，要相信自己有解决任何问题的能力。

琼斯的身体瘫痪了，对于他来说，这无疑是其人生中的一大灾难，可他却能够在这种灾难面前振作起来，化担忧为前进的动力，乐观地面对残酷的现实。他利用自己的大脑，然后借用别人的手，依然干出自己的一番事业。如果他沉溺于自己的不幸遭遇中，然后恐惧担忧自己的不幸给家人的生活带来很多不便，自己成了他们的负累，那么，他的不幸只会更加不幸。

绝大多数人都难以摆脱恐惧与焦虑的摆布，他们惧怕贫穷，惧怕失败，惧怕疾病与痛苦，惧怕意外事故与天灾人祸，惧怕一切竭力要避开的事情，因此，他们总是不停地考虑这些事情，结果，这些害怕发生的事情反而被他们的思想吸引而来。他们的思维总是停留在这些抑郁的想象之中，久而久之，便会在自己的潜意识中留下一道深刻的痕迹，这道痕迹会逐渐影响到他们的生活，在他和许多美好的事物之间竖起一道高墙，从而阻碍了他接受更好的事物。

恐惧只是通过一种方式告诉人们，你当下缺什么。比如人们恐惧疾病，是因为目前的自己身体状况不佳，希望得到健康。那这样的话，如果人们希望自己强壮充满活力，就必须要持有健康的理念，必须将自己想象成一个体格完美、强壮和富有活力的人。同样，如果人们想要发达昌盛，取得成功，摆脱贫困的纠缠，我们决不能去想一些贫穷和失败之事，而是要朝相反的方面去想。

你会有怀疑、害怕的时刻，我们都有。情绪低落是很自然的，是人就会这样，但如果你让这类负面感受一直延续下去，而不是往正面想，那就危险了。

当恐惧、沮丧这种坏情绪在你心中萌动时，你切不可纵容它们，使之逐渐滋长蔓延，要让自己面对现实，了解事情的真实情况，对事实进行分析，然后果敢地作出决断并严格执行。可以用"自我暗示"让自己告别坏情绪，才能走出一片新天地。

所谓"自我暗示"，是指意识把某种确定和具体的观念输送给自己的过程。自我暗示是一把双刃剑，如果使用不当就会对自己造成伤害，但是只要你应用恰当，许多问题都会迎刃而解。

珍尼特是一位非常年轻的天才歌唱家，她被唱片公司邀请出演一出歌剧。她非常看重这次机会，但是心中却一直惴惴不安。此前，她一共有三次在导演面前试唱失败的痛苦经历。每次失败都加重了她内心的恐惧，使得她在下一次试唱时背负更大的压力。珍妮特的嗓音棒极了，可是她每次都对自己说："轮到我试唱时，我总是唱得一塌糊涂。我始终不能入戏，导演一点儿也不喜欢我。他们一定在想，这种破嗓子也好意思丢人现眼。我只好灰溜溜地独自回家。"

　　她的恐惧意识让她越来越消极，甚至影响了她的身体，让她在演唱时不知不觉地就把这种观念变成了现实。她的恐惧化成糟糕的表演情绪，主观设想变成了现实。

　　这位年轻的歌唱家最后终于克服了恐惧带来的影响，她的方法就是：用积极的自我暗示来对抗恐惧。她每天三次把自己关在一间安静的小屋里，小屋的中央有一把非常舒服的椅子。她坐在上面，放松身体，闭上眼睛，身体和心灵都在这一刻归于平静。因为生理上的低兴奋水平可以让心灵更容易接受自我暗示。她对自己说道："我的歌声优美而动听，我的仪态优雅而自信，我的心智机智又冷静。"她说这番话的时候，语速非常慢，语气也十分柔和，这样一共说上 5~10 次。

　　在正式去试唱前的一个星期时间里，她每天进行三次这样的自我暗示：两次是在白天，一次是在晚上入睡之前。不知不觉地，她就变得沉着而自信起来。关键的试唱中，她在导演面前展现了婉转动听的歌喉，并最终赢得了歌剧中的这个角色。

　　如果你的内心也有负面的自我暗示，那么立即开始制订一个纠正它的计划。

　　当你恐惧的时候，你应该对自己说："运用我潜意识的力量，我能够达成一切目标。"

不要自我设限

在我们的生活经历中，其实也存在许多类似的例子。例如，很多时候，我们有一番雄心壮志时，就习惯性地提醒自己："我是在做白日梦吧，那种事情哪是我这种无名小辈能做的呀。"因为自己背景平凡，而不敢去梦想非凡的成就；因为自己学历不高，而不敢立下宏伟的大志；因为自己自卑保守，而不愿打开心门，去接受更好、更新的信息……凡此种种，我们画地为牢、故步自封，既挫伤了自己的积极性，也限制了自己的发展，造成了一辈子的平庸无能。

不仅在面对树立志向的时候，还有在面对我们即将要做的事的时候，我们常常会根据自己目前的能力对自己进行一个评估，总觉得如果超出这个能力范围，我们一定会做不到。

心理学家在一所著名的大学中选了一些运动员做实验。他们要这群运动员做一些别人无法做到的运动，还告诉他们，由于他们是国内最好的运动员，因此他们能够做得到。

这群运动员分两组，第一组到了体育馆后，虽然尽力去做，但还是做不到。二组到体育馆后，研究人员告诉他们第一组失败了。"但你们这一组不同，"研究人员说，"把这个药丸吃下去，这是一种新药，会使你们达到超人的水准。"

结果第二组运动员很容易就完成了那些困难的练习。

"那是什么药丸?"参加者问道。

"不过是面粉而已。"

第二组的运动员听到第一组失败的时候，肯定以为自己也会失败，因为他们的水平是同等的，然而在研究人员给了他们"药丸"以后，他们肯定就觉得自己的力量增加了，然后在运动的过程中就觉得充满了力量。

对未来事情的把握，我们总是会过度依赖自己从前所积累的"经验"，而这种"经验"却常常让人自我设限。自我设限如同形影不离的幽灵一样，控制着自己的潜力与能量。自我设限就像给你自己上了一把心锁，好像一个在心牢里的人，四周都是阻挡自己的铜墙铁壁，怎么也冲不出去。

从心理学角度说，自我设限就是在自己的心里面默认了一个"高度"，这个"心理高度"常常暗示自己：这么多困难，我不可能做到的，也无法做到，成功机会几乎是零。想成功那是不可能的！"心理高度"是人无法取得成就的重要原因之一。它是一块巨石、顽石，在人生及事业成长道路上，阻碍着人们前进。

我们总是容易把同类的现象归结为同样的结果，就像 1 加 1 等于 2，人类的推理能力可以是个祝福，也可以是个诅咒。有时候并不是我们面对的事情有多困难，更多的是我们自己给自己加上了限制，所以才没有办法发挥出潜能。

在一次火灾中，一个小男孩被烧成重伤，虽然医院全力抢救使他脱离了生命危险，但他的下半身还是没有任何知觉。医生悄悄地告诉他的妈妈，这孩子以后只能靠轮椅度日了。

一天，天气十分晴朗，妈妈推着他到院子里呼吸新鲜空气，然后妈妈有事离开了。一股强烈的冲动自男孩的心底涌起：我一定要站起来！他奋力推开轮椅，然后拖着无力的双腿，用双肘在草地上匍匐前进，一步一步地，他终于爬到了篱笆墙边。接着，他用尽全身力气，努力地抓住篱笆墙站了起来，并且试着拉住篱笆墙行走。没走几步，汗水就从额头上滚滚而下，他停下来喘口气，咬紧牙关又拖着双腿再次出发，直到走到篱笆墙的尽头。

就这样，每一天男孩都要抓紧篱笆墙练习走路。可一天天过去了，他的双腿仍然没有任何知觉。他不甘心过被困在轮椅上的生活，他握紧拳头告诉自己，未来的日子里，一定要靠自己的双腿来行走。终于，在一个清晨，当他再次拖着无力的双腿紧拉着篱笆行走时，一阵钻心的疼痛从下身传了过来。那一刻，他惊呆了。他一遍又一遍地走着，尽情地享受着别人唯恐避之不及的钻心般的痛楚。

从那以后，男孩的身体恢复得很快。先是能够慢慢地站起来，扶着篱笆走上几步。渐渐地他便可以独立行走了，最后有一天，他竟然在院子里跑了起来。自此，他的生活与一般的男孩子再无两样。到他读大学的时候，他还被选进了田径队。

他就是葛林·康汉宁博士，他曾经跑出过全世界最好的成绩。

心，可以超越困难，可以突破阻挠，可以粉碎心理上的障碍。正如一位哲人所说："世界上没有跨越不了的事，只有无法逾越的心。"心中有枷锁，便限制了人潜在能量的爆发。所以，要想开发和利用生命潜能，最关键的是在于摆脱心中的枷锁。

不要三思而后行

在平时生活中，我们总是把"三思而行"当作一个行动的准则，其实"三思而行"这个成语真正的寓意是带着贬义的。

"三思而行"这个成语出自《论语·公冶长》，书上说："季文子三思而后行。子闻之曰：再，斯可矣。"意思就是说，季文子做事情每次都要来回想三次，然后才行动。孔子听说后就批评他说：事情想了一遍，再想一遍就可以了，何必要想三次那么多呢！这故事其中的由来是这样的：

春秋时期，鲁宣公篡位，政权得来不怎么正当，所以各国都没有派使臣前往祝贺。鲁宣公一来觉得这事没面子，二来也想让自己的政权合法化，于是就找到季文子，派他到齐国去搞点儿贿赂活动。当时，齐国是各国中最强大的，如果得到齐国的承认，其他各国势必唯马首是瞻。

季文子接到这个任务后，就回家思考了几天。开始，他接受了这个任务，后来想了想，感觉自己堂堂君子去做贿赂这等不光彩的事情，既不符合礼法，又损害自己的光辉形象，于是就想拒绝。可是，什么事情都经不起来回琢磨，季文子再三考虑，最终接受了这个并不光彩的任务，替鲁宣公出使齐国，还做了贿赂的事情。

于是，孔子听说这件事情后，就批评季文子想得过多。本来想两次就够了，结果想来想去反而做了个错误的决定。

对此，后代理学大家程颐批注说："为恶之人，未尝知有思，有思则为善矣。然至于再则己审，三则私意起而反惑矣，故夫子讥之。"朱熹对此，也有相同的观点："季文子虑事如此，可谓详审而宜无过举矣。而宣公篡立，文子乃不能讨，反为之使齐而纳赂焉，岂非程子所谓私意起而反惑之验与？是以君子务穷理而贵果断，不徒多思之为尚。"

我们总是被他人的言语和行为教育，凡事应当谨慎而行。"跳前先四处望望"是一个传统美德，"三思而后行"这句话更是我们从小听到大。而且，在很多圣人的故事中，圣人总是因他们的谨慎的智慧受到尊重。

同时呢，在我们生活中，也有许多负面例子，有些人因为没有"三思而后行"，毁坏了他们的生活：

向一个只认识了一个星期的人求婚，一个月内结婚，然后三个月后离婚；

在年底，拿到了装有一信封的工资，却冲向老板要求提薪，结果被老板辞退了；

听从了金融专家的建议，在股市高峰期中间，将所有钱全部投了进去，结果亏的两手空空。

这些，都是一些展示"三思而后行"之重要性的例子。但是，我们真的每次都要那样吗？

遇到事情，好处、坏处正反考虑完毕就可以了，不必翻来覆去谨慎过度。而当对事果决裁断，则是很多成功者的必备要素。

如果一件事情思过来，思过去，就会越思越糊涂，最终仍不见行动，不敢行动。碰到一件事，决不能不思而行，鲁莽行动。记得当年在德国时，法西斯统治正如火如荼。一些盲目崇拜希特勒的人，常常使用一个词儿"Darauf-galngertum"，意思是"说干就干，不必思考"。这是法西斯的做法，我们必须坚决扬弃。遇事必须深思熟虑。先考虑可行性，考虑的方面越广越好。然后再考虑不可行性，也是考虑的方面越广越好。正反两面仔细考虑完以后，就必须加以比较，做出决定，立即行动。如果你考虑正面，又考虑反面之后，再回头来考虑正面，又再考虑反面，那么，如此循环往复，终无宁日，最终成为思想上的巨人，行动上的矮子。

所以，孔子的"再，斯可矣"是非常有道理的。

看问题不能只看表面

　　自百事可乐在可口可乐不经意的时候迅速崛起后，这两家就一直你争我夺，各有输赢。20世纪80年代，古兹维塔当上了可口可乐的CEO。这时候，可口可乐的一部分市场已被百事可乐吞食。怎样才能收复失去的市场，占领更大的份额？古兹维塔的下属都提议，把焦点集中在如何与百事可乐竞争上，千方百计与它争夺增长0.1010的新增可乐消费市场。

　　古兹维塔却不认同下属的做法，他问下属："美国人一天平均的液体食品消耗量为多少？"

　　"是14盎司。"下属回答。

　　"那么，可口可乐在其中占多少？"古兹维塔又问。

　　"2盎司。"

　　听到这样的答案，古兹维塔便宣布："我们的竞争对象不是百事可乐，我们需要做的是在整个液体食品市场上提高占有率，要占掉美国人液体食品中剩余的12盎司的水、茶、咖啡、牛奶及果汁等的份额。当大家想要喝一点什么时，就应该去找可口可乐。"

　　为了达到这个目的，可口可乐采取了一些新的竞争战略，如在每个街头摆上贩卖机。结果销售量因此节节上升，再次将百事可乐远远抛在了后面。

　　由于提升了解决问题方法的层次，可口可乐很容易地找到了解决问题的好方法，把问题出色地解决了。

由此可见，当可口可乐专注于与百事可乐竞争的时候，他们往往为市场占有率的一、二个百分点大伤脑筋。但当他们通过表面问题看到了更远大的目标之后，便不会再为这些眼前的利益和问题所困扰，转而将自己置身于一个更广阔的空间，选择一个更高层次的方法，实现更宏伟的目标，这样，反倒更容易把问题轻松而出色地解决。同样，我们在做任何事情的时候，也要让自己有高瞻远瞩的眼光，这样不仅能让自己看到一个更广阔的空间，而且能更好地发挥自己的潜能，做出更完美的决定，从而取得成功。

有时我们已对问题做了充分的思考，但还找不到满意的解决办法，这就需要眼光放得长远一点，而不仅仅是抓住问题的某个点不放。凡想得出来的方法，就要认真去思虑，最后在辨别、判断中去伪存真。

美国第 37 任总统理查德·尼克松在《领导者》一书中写道："成功者一定要能够看到凡人所看不到的眼前利害以外的事情。需要有站在高山之巅极目远眺的眼力。"总之，高瞻远瞩，会让一切尽在自己的掌握之中。

我们在生活中要善于利用自己的思想，遇到事情要勤于思考，特别是一些别人解决不了的问题，我们可以换个思路去解决；别人不敢做的事情，我们要鼓起勇气去做；别人想不到的事情，我们要努力想到并实现。这个世界没有过不去的坎，关键看你如何走。善于思考的人是永远不会被困难吓倒的。

英国剑桥大学心理学家，医科研究教授波诺说："天才，就是能运用自己的思想解决日常难题的人。"

在工作和生活中，要想有更大的进步，取得更大的成绩，我们就要懂得运用思考的力量。思考问题时，千万不要只停留在问题的表面层次。

伽利略发明摆钟的起因完全是对一盏灯提出问题的结果。那是很平常的一盏灯，许多人都看见过并未注意，伽利略看后则在内心中产生了疑问，于是有了最大的发现。

那是在他 18 岁那年，有一天他走进当地一个天主教堂。他正若有所思地环视四周时，突然抬头望见从礼拜堂天花板上长链悬挂着的一盏灯。这时，一种很难解释的事情发生了。

他忘记了周围的一切，望着这些摇摆的灯，突然脑中涌现一种感想：这些灯的振动，或许长摆和短摆不是同时发生的吧。于是他默数自己的脉搏，以实验他这种臆测，因为那时候脉搏是他唯一所带来的测量物……他试验出来了，针摆不管振幅大小，周期总是一定的。由此，钟摆的原理被发现了。

有了思考，才能从司空见惯的现象中有所发现。牛顿把"苹果从树上自由落下"这种现象纳入了思考范畴，"万有引力"定律才得以出现；瓦特把"壶盖被开水顶动"这种现象纳入了思考范围，蒸汽机才得以问世……诸如此类的现象，对于很多人来说是司空见惯的，他们没有留心观察思考，因而没有发现其中的奥妙；而极具思维力的人把它们纳入脑海，留在思考之中，并通过不断的追求和奋斗，终于有所发现，有所发明，有所创造。

我们在观察事物时不要先入为主的观念，虽然我们不能像那些发明家那么伟大——由一个简单的现象就可以想到一种新事物的诞生，但是我们可以尽可能地深入一点，看得更多一点。

学会变通，人生可能是另一番境地

从哲学的角度来讲，唯一不变的东西就是变化本身。我们生活在一个瞬息万变的世界里，应当学会变通。在竞争日益激烈的今天，要培养以变化应万变的理念，勇于面对变化带来的困难，才能做到卓越和高效。

在一次培训课上，企业界的精英们正襟危坐，等着听管理教授关于企业运营的讲座。门开了，教授走进来，矮胖的身材、圆圆的脸，左手提着个大提包，右手擎着个圆鼓鼓的气球。精英们很奇怪，但还是有人立即拿出笔和本子，准备记下教授精辟的分析和坦诚的忠告。

"噢，不用，你们不用记，只要用眼睛好好看就够了，我的报告非常简单。"教授说道。

教授从包里拿出一只开口很小的瓶子放在桌子上，然后指着气球对大家说："谁能告诉我怎样把这只气球装到瓶子里去？当然，你不能这样，嘭！"教授滑稽地做了个气球爆炸的姿势。

众人面面相觑，都不知教授葫芦里卖的什么药，终于，一位精明的女士说："我想，也许可以改变它的形状……"

"改变它的形状？嗯，很好，你可以为我们演示一下吗？"

"当然。"女士走到台上，拿起气球小心翼翼地捏弄。她想利用其柔软可塑的特点，把气球一点点塞到瓶子里。但这远远不像她想的那么简单，很快她发现自己的努力是徒劳的，于是她放下手里的气球，说道："很遗憾，我承认我的想法行不通。"

"还有人要试试吗?"

无人响应。

"那么好吧,我来试一下。"教授说道。他拿起气球,三下两下便解开气球口上的绳子,"嗤"的一声,气球变成了一个软耷耷地小袋子。

教授把这个小袋子塞到瓶子里,只留下吹气的口儿在外面,然后用嘴巴衔住,用力吹气。很快,气球鼓起来了,胀满在瓶子里,教授再用绳子把气球的口儿给扎紧。"瞧,我改变了一下方法,问题迎刃而解了。"教授露出了满意的笑容。

教授转过身,拿起笔在写字板上写了个大大的"变"字,说道:"当你遇到一个难题,解决它很困难时,那么你可以改变一下你的方法。"他指着自己的脑袋,"思想的改变,现在你们知道它有多么重要了。这就是我今天要说的。"

精英们开始交头接耳,一些人脸上露出顽皮的笑意。教授按下双手示意大家安静,然后说:"现在,我们做第二个游戏。"他的目光将众人扫视了一遍,指着一个戴眼镜的男士说:"这位先生,你愿意配合我完成这个游戏吗?"

"愿意。"戴眼镜的男士走到台上。

教授说:"现在请你用这只瓶子做出 5 个动作,什么动作都可以,但不能重复。好,现在请开始。"

该男士拿起瓶子,放下瓶子,扳倒瓶子,竖起瓶子,移动瓶子,5 个动作很快就完成了。教授点点头,说道:"请你再做 5 个,但不要与刚刚做过的重复。"

他又很快地完成了。

"请再做 5 个。"

等到教授第五次发出同样的指令时,该男士已经满头大汗、狼狈不堪。教授第六次说出"请再做5个"时，他忍不住地说道："我再不想做了，我再继续做下去我都要疯掉了。"

精英们笑了，教授也笑了，他面向大家，说道："你们看到了，变有多难，连续不断地变几乎使这位亲爱的先生发疯了。可你们比我还清楚商战中变有多么重要。我知道那时你们就是发疯也要选择变，因为不变比发疯还要糟糕，那就意味着死亡。"

现在，精英们对这场别开生面的讲座品出点味道来了，他们互相交换着目光。

停了片刻，教授又开口了："现在，还有最后一个问题，这是个简单的问题。"他从包里拿出一只新瓶子放到台上，指着那只装着气球的瓶子说："谁能把它放到这只新瓶子里去?"

精英们看到这只新瓶子并没有原来那个瓶子大，直接装进去是根本不可能的。但这样简单的问题难不住头脑机敏的精英们，一个高个子的中年男人走过去，拿起瓶子用力向地上掷去，瓶子碎了，中年人拾起一块块残片装入新瓶子。

教授点头表示称许，精英们对中年人采取的办法并没有感到意外。

这时教授说："先生们、女士们，这个问题很简单，只要改变瓶子的状态就能完成，我想你们大家都想到了这个答案，但实际上我要告诉你们的是：一项改变最大的极限是什么。看!"教授举起手中的瓶子，说："就是这样，最大的极限是完全改变旧有状态，彻底打碎它。"

教授看着他的听众，补充道："彻底的改变需要很大的决心，如果有一点点留恋，就不能够真的打碎。你们知道，打碎了它就是毁了它，再没有什么力量能把它恢复得和从前一模一样。所以当你下决心要打碎某个事物时，你应当再问自己：我是不是真的不会后悔?"

　　讲台下鸦雀无声,精英们琢磨着教授话中的深意。教授收拾好自己的包,说:"感谢在座的诸位,我的讲座结束了。"然后飘然而去。

　　无论你现在身处何种环境中,要学会变通以保持时刻跟上时代的节奏。

　　被誉为"世界上最伟大的推销员"的乔·吉拉德讲道:"我曾经长期从事汽车销售工作,而且做得相当出色。对我来说,推销员的工作能让我得到很大的个人满足。在我的帮助下,许多人得以拥有一辆可靠、舒适、安全和价格适中的新车。但在我的汽车销售生涯中,我依然不得不面对一些改变。譬如说,为了应付1974年石油禁运的突发情况,我不得不对销售手法做一些调整。在过去那些日子里,汽车工业发生了许多技术上的改革。身为汽车推销员的我,自然需要随时对汽车有新的认识。所以,汽车销售绝不仅仅是寻找买主、下订单那么简单。"

　　你必须意识到变化随时都可能发生,而你也必须为此做好充分准备,随着变化及时地调整自己的步伐。因为,如果不会变通的你,早晚会被变化莫测的世界甩掉。

第五章

你可以超越之前的自己

不善言辞的你，从来不敢奢望可以成为演说家；不善交际的你，从来不敢奢望自己可以做一名社交达人；惧怕人多场合的你，也不敢想自己可以成为众人瞩目的焦点。其实人生真的可以不必因为这些先天的条件而放弃那些以为不可能的事。

你最大的敌人是你自己

在生活的道路上，我们总会遇到各种各样令人烦恼的事情和不计其数的对手。于是，我们开始绞尽脑汁地想着与这些对手较量。在这些较量中，有些人成了我们的朋友，有些人成了我们的"敌人"。然而在不知不觉中，我们总是忽略那个自己最大的"敌人"——自己。

其实，自己才是自己最大的"敌人"。我们只有用积极的态度不断地肯定自己，才能在一次次感受失败的苦涩后战胜自己、超越自己，从而使生命在行走的年轮中感受激情，感受成功，感受自己那穿透灵魂的微笑。

驯鹿和狼之间存在着一种非常独特的关系，它们在同一个地方出生，又一同奔跑在自然环境极为恶劣的旷野上。大多数时候，它们相安无事地在同一个地方活动，狼不骚扰鹿群，驯鹿也不害怕狼。

而在这看似和平安闲的时候，狼会突然向鹿群发动袭击。驯鹿惊愕而迅速地逃窜，同时又聚成一群以确保安全。

狼群早已盯准了目标，在这追和逃的游戏里，会有一只狼冷不防地从斜刺里窜出，以迅雷不及掩耳之势抓破一只驯鹿的腿。

游戏结束了，没有一只驯鹿牺牲，狼也没有得到一点食物。

第二天，同样的一幕再次上演，依然从斜刺里冲出一只狼，依然抓伤那只已经受伤的驯鹿。

每次都是不同的狼从不同的地方窜出来做猎手，攻击的却只是那同一只鹿。可怜的驯鹿旧伤未愈又添新伤，逐渐丧失大量的血和力气，更为严重的是它逐渐丧失了反抗的意志。当它越来越虚弱，已不会对狼构成威胁时，狼便群起而攻之，美美地饱餐一顿。

其实，狼是无法对驯鹿构成威胁的，因为身材高大的驯鹿可以一蹄把身材矮小的狼踢死或踢伤，可为什么到最后驯鹿却成了狼的腹中之食呢？

狼是绝顶聪明的，它一次次抓伤同一只驯鹿，让那只驯鹿一次次被失败打击得信心全无，到最后它完全崩溃了，完全忘了自己还有反抗的能力。最后，当狼群攻击它时，它放弃了抵抗。

所以，真正打败驯鹿的是它自己，它的敌人不是凶残的狼，而是自己脆弱的心灵。同样的道理，要让自己强大起来，唯一的方法就是挑战自己，战胜自己，超越自己。

一个年轻人想下海创业，但是又舍不得放弃安逸的工作，想来想去拿不定主意，于是就去请教一位智者。智者并没有告诉他如何选择，只是给他讲了个故事：

有一个乡下老人在山里打柴时，带回一只怪鸟给小孙子玩耍。后来发现那只怪鸟竟是一只鹰，人们担心鹰再长大一些会吃鸡，一致强烈要求：要么杀了那只鹰；要么将它放生，让它永远也别回来。

这一家人却舍不得杀它，于是决定将鹰放走，让它回归大自然。

许多办法试过了都不奏效。最后他们终于明白：原来鹰是眷恋它从小长大的家园。

后来村里的一位老人说："把鹰交给我吧，我会让它重返蓝天，永远不再回来。"老人将鹰带到附近一个最陡峭的悬崖绝壁旁，然后将鹰狠狠地向悬崖下的深涧扔去。那只鹰开始也如石头般向下坠去，然而快要到涧底时，它只轻轻展开双翅就稳稳托住了身体，开始缓缓滑翔，然后它只轻轻拍了拍翅膀，就飞向蔚蓝的天空。它越飞越高，越飞越远，再也没有回来。

年轻人听完故事后，默然不语。过了一个月后，他的新公司开业，通过努力，年轻人很快就成为当地有名的企业家。

和老鹰一样，人最大的敌人就是自己。世界上其他敌人都容易战胜，唯独自己是最难战胜的。鹰如果贪恋安逸的生活，那么它永远只是一只生活在鸡群中的"鹰"。老鹰挑战自己才能展翅高飞，人只有把自己带到悬崖，挑战自己，才能一鸣惊人。

越是不可能的事，就越能给我们以宝贵的东西。可以输给别人，但不能输给自己。

法国有一位著名的心理学家，叫作伊尔·索尔芒，调查了全世界的十八个贫困的国家，得出来结论是：人类最大的敌人不是灾祸，不是瘟疫，不是令人憎恨的战争，人类最大的敌人就是自己。自己的懦弱，自己的虚荣，自己的恐惧。自己都不相信自己的时候，你就什么都完了！

所以，"相信自己"很重要。一个人相信自己，相信世界很美好的时候，他所见到的人都会很友善，世界也会美好。一个人不相信自己，怀疑一切的时候，他周围的人就都很狰狞，世界也一片黑暗。

信念是一种心理状态，可以通过自我暗示培养起来。如果通过反复不断地确认，觉得你相信自己会得到自己想要的东西，然后传递到潜意识思维里面去，它就会带来这样的成功，因为它的主要任务就是要让你实现自己想得到的人生目标。它看不到任何障碍，也没有任何限制。它只做潜意识思维让它去做的事情。

学会正视自己的缺点

很多人，在认识自己的时候，总是会过于关注自己的缺点。他们羡慕那些走红的影视明星、著名作家、知名科学家，等等。谈起别人头头是道，一脸羡慕，但一谈到自己就会说：我肯定不是那块料，因为我都没有他们的条件，更不会像他们一样成功的。我也没有他们那么好的机会。这些人总是过于关注自己的缺点，而觉得没有因为有了这些缺陷就异于常人，不可能有什么前途。

有这样一个测验情商的题目：一个落水昏迷的女人被救起后，她醒来发现自己一丝不挂，第一个反应是捂住什么呢？答案是：尖叫一声，然后用双手捂住自己的眼睛。

从心理学上来说，这是一个典型的不愿面对自己的例子。因为自己有缺陷或者自认为是缺陷，就通过自己的方法把它掩盖起来，但这种掩盖实际上也像上面的落水女人一样，是把自己的眼睛蒙上。这种做法无异于掩耳盗铃。所以，人首先必须要勇敢地面对自己的缺陷。

有一个故事，说的是有一个乞丐来到一个庭院，向女主人乞讨。这个乞丐很可怜，他的右手连同整条手臂断掉了，空空的袖子晃荡着，让人看了很难过，可是女主人毫不客气地指着门前一堆砖，对乞丐说：你帮我把这砖搬到屋后去吧！乞丐生气地说："我只有一只手，你还忍心叫我搬砖。不愿给就不给，何必捉弄人那？"

　　女主人并不生气，俯身搬起砖来。她故意只用一只手搬了一趟说："你看，并不是非要两只手才可以干活。我能干，你为什么不能呢？"乞丐怔住了，他想了想，于是开始搬砖。他整整搬了两个小时，才把砖搬完。搬完之后，突然向妇人鞠躬，很感激地说："谢谢您。"转身就走了。

　　过了两天，又来了一个乞丐，那妇人把乞丐领到砖前说："把砖搬到我指定的地点，我给你20元钱"。这位双手健全的乞丐却鄙夷地走开了，妇人的孩子不解地问母亲：为什么叫他们把砖搬来搬去呢？母亲说：砖放在哪里都一样，可搬不搬对乞丐可就不一样了。

　　若干年后，一个很体面的人来到了这个庭院。他西装革履，气度不凡，跟那些自信，自重的成功人士一模一样，美中不足的是，这人只有一只手，后边是一条空空的衣袖，一荡一荡的。来人俯下身拉住有些老态的女主人说："如果没有你，我还是一个乞丐，可是现在，我是一个公司的董事长。"

　　你死死地揪着自己的缺点不放，就会觉得自己什么也做不了。你要知道你的缺点，但是没有必要过于在意，你可以做很多事，即使这个缺点存在。

　　或许许多人都听说过这样一个故事：有个自幼双目失明的人，从懂事起便深感烦恼，觉得这是老天对他的责罚，认为自己的一生完了。后来有位智者跟他说："世界上所有人都是被上帝咬了一口的苹果，都有自身的缺陷。有些人的缺陷大些，因为上帝尤其喜爱他的芳香。"他听完后受到很大的鼓舞，从此将失明看作是上帝对他的偏爱，开始振作起来。几年之后，一位德艺双馨的盲人按摩师的故事在当地传颂着。

　　对于每个人来讲，不完美是客观存在的，但无须怨天尤人，在羡慕别人的同时，不妨想想，怎样才能走出误区。或用善良美化，或用知识充实，或用一技之长发展自己……生命的可贵之处，在于看到自己的不足之后，能坦然面对并加以弥补。

接受那些不能改变的，这是一句听起来多么无奈的话，像是一种懦弱与无能的态度。其实，生活中有很多事情都是不以我们的意志为转移和改变的。不够完美的人和事，随时都存在。我们不喜欢它们，并不代表它们就不存在。有些事情既然存在，我们又无法去改变，那么就耐心地接受吧。

不要钻牛角尖，一味地追求自己的完美理想。比尔·盖茨给年轻人的忠告：许多残酷的事实，我们是无法逃避和无所选择的，抗拒不但可能毁了自己的生活，而且也许会使自己精神崩溃。因此，在无法改变不公和厄运时，要学会接受它、适应它。

每个人都有自己的优点和缺点，我们要做的，不是穷极一切力量去改变自己的缺点，而是尽可能不去在意它会给我们带来怎样的阻碍，努力去做自己可以做的事。

有缺陷并不是一件坏事，正视自己的缺点，知道自己的长处和短处，可以使我们处在一种清醒的状态下，遇到问题也容易做出最理智的判断。用自己的缺点来指引自己不懈的努力，你就会发现，没有什么不可能，成功真的没有那么难。

忽略你无法控制的缺陷

我们不是完美无缺的，这是一个事实，我们必须打从心里承认这个事实，这样我们才不会总是盯着自己的缺陷不放。有哲人说过："完美本是毒。"事事追求完美其实是一件痛苦的事，因为世界上确实没有完美的人和事，而我们追着得不到的东西只会让自己陷入痛苦的境地。

缺陷，换另一种说法，叫作"相对完美"，如同月亮的圆和缺，可以令人们保留一种希望和期待！而追求绝对完美的人认为任何事情一旦不完美便毫无价值可言，自身的或者生活中的种种缺陷便只会令他们苦恼不已！不要苛求完美，学会欣赏生活的缺陷美，这样去看世界就会觉得很美好。

也许有的人带着天生的缺陷，这不是谁的错，但是这样会限制一个人的视野，让他看不到生命的种种可能。盯住自己的缺点不放，会把自己的缺点慢慢放大，而过于关注自己的缺点会连自己的优点也看不到。

俗话说；"金无足赤，人无完人。"人生确实有许多的不完美，每个人都有这样那样的缺陷，真正完美的人是不存在的，即使是中国古代四大美女，也各有自身的不足。据记载，西施大脚、王昭君双肩仄削、貂蝉耳垂太小、杨贵妃患有狐臭。忽略自己的不完美，你会觉得自己其实很优秀。

从前，有个渔夫从海边捞到一颗晶莹剔透的大珍珠，爱不释手。但美中不足的是珍珠的上面有个小黑点，"美珠有瑕"。渔夫想，如能将小黑点去掉，珍珠将变成无价之宝。可是渔夫剥掉一层，黑点仍在；再剥一层，黑点还在；一层层地剥到最后，黑点是没有了，然后珍珠也不复存在了。

渔夫想得到的是美的极致，在他消除了所谓的不足时，美也消失在他追求过于完美的过程中了。有黑点的珍珠不过是白璧微瑕，正是其浑然天成、不着雕痕的可贵之处，如同"清水出芙蓉，天然去雕饰"，美得自然，美得朴实，美得真切。美真正的价值往往不在于它的完整，而在于那一点点的残缺，维纳斯女神像因为断臂而举世闻名；琥珀因为嵌有昆虫而被人们喜爱；蝙蝠视力特差，可它的嘴和耳朵特别灵敏……

美好的事物是我们追求的，但是一旦追求过分，那就未必是一件好事了。在任何事情上，追求完美，想把事情做得圆满，代价往往就是将"大珍珠"也追求没了。所谓完美，不过是美丽的陷阱。一旦陷入进去，你不但对自己的糟糕处境浑然不知，而且还心甘情愿地折磨自己，以至于越陷越深，不能自拔。

留一点余地给自己，给自己的不完美剩下一个小小的空间，那个小小的空间就叫遗憾！因为一点点的缺失，完美不再是完美；可正因为这一点点缺失，完美不再是完美，却成了真实，是一种有了遗憾的真实！这遗憾又可能成为我们追求完美的动力！倘若什么都圆满了，那么我们还追求什么呢？

因此，留下一点小的瑕疵又有何妨？

缺陷既然已经属于自己，我们就应该正确地面对它。如果拥有一颗晶莹剔透、美丽善良的心，不必太在意自己身体上的缺陷，努力做好自己该做的事，使自己更充实，更有内涵，做一个开朗、善良，并且积极进取的人。虽然我们无法使自己变得完美，但是我们可以使自己的内心充实，不被缺陷和完美所带来的种种所累。

缺点也可以是优点

曾经有一个学生想拜在一位大师门下学习素描，大师见学生态度诚恳，就答应了。但是在传授教学的过程中，发现那个学生的手很容易出汗，而炭笔素描又常需要用手涂抹，很容易就把纸弄脏了。因此大师觉得该学生不适合学素描，便多次劝他改画水彩，但是学生都坚持不肯放弃。没想到过了半年多的时间，那个学生的素描不但不脏，而且比别的学生画得更好。原因是他尽量避免擦抹，而用手指在画面上压，因为手上有汗，压得轻重不同，所以就能黏起不同分量的炭粉，造成比别人更丰富的色阶。

事实上，有许多先天条件并不优秀的人之所以取得成功，是因为开始的时候有一些阻碍他们的缺陷促使他们加倍努力而得到更多的补偿。

由此可知，如果我们先天或者后天异于一般人，而被认为是缺点的地方，如果善加分析把握，反倒可能成为一种先天优越的条件。

有一个10岁的小男孩儿，在一次车祸中失去了左臂，但是他一直很想学柔道。终于，小男孩拜了一位柔道大师做了师父，开始学习柔道。他学得不错，可是练了3个月，柔道大师只教了他一招，小男孩有点弄不懂了。

他终于忍不住问师父："我是不是应该再学学其他招数？"

柔道大师回答说："不错，你的确只会一招，但你只需要会这一招就够了。小男孩并不是很明白，但他很相信师父，于是就继续照着练了下去。"

几个月后师父第一次带小男孩去参加比赛。小男孩自己都没有想到居然轻轻松松地赢了前两轮。第三轮稍稍有点艰难，但对手还是很快就变得有些急躁，连连进攻，小男孩敏捷地施展出自己的那一招，又赢了。就这样，小男孩顺利地进入了决赛。

决赛的对手比小男孩儿高大、强壮许多，也似乎更有经验。一度小男孩儿显得有点招架不住，裁判担心小男孩儿会受伤，就叫了暂停，还打算就此终止比赛，然而柔道大师不答应，坚持说："继续下去!"

比赛重新开始后，对手放松了戒备，小男孩立刻使出他的那一招，制服了对手由此赢了比赛，得了冠军。回家的路上，小男孩和柔道大师一起回顾每场比赛的每一个细节，小男孩儿鼓起勇气道出了心里的疑问："师父，我怎么就凭一招就赢得了冠军?"

柔道大师答道："有两个原因：第一，你几乎完全掌握了柔道中最难的一招；第二，就我所知，对付这一招唯一的办法是对手抓住你的左臂。"

所以，小男孩最大的劣势变成了他最大的优势。世界上无所谓绝对的缺陷和困境，只要懂得扬长避短就能海阔天空。这才是真正的取胜之道，也是智者的选择。

每个人都有自己的缺点，但缺点就一定会阻碍一个人成长发展吗？其实未必，只要你善于利用，缺点就会转化成优点的。

世界头号投资大师巴菲特，小时候是一个内向而敏感的孩子，无论是读书还是在生活中，他的表现与一般孩子无异，甚至还不如。许多人都嘲笑巴菲特行动、思维缓慢，但巴菲特却将这一弱点转化为自己最大的优点——耐心；同时，他还发现自己对数字有天生的敏感，并对其充满了兴趣。

　　在 27 岁之前，巴菲特尝试过无数的工作，做销售、充当法律顾问、管理一家小厂，但最终他结合自己的优点——耐心、对数字敏感，将自己的职业转向为一名投资家。在明确的职业规划引导下，巴菲特拒绝许多外来的诱惑，也忍受住压力，坚定不移地按着自己的职业发展道路前进，最终成就一番惊人成就。

　　我们每个人身上都会存在一定的缺陷，我们不能一个劲地盯着缺点不放，也不能无视这些缺点的存在，而是应该善于发现和利用，也许会有意想不到的进步。

不要把自己设定在固定环境

　　这是一个没有固定模式的时代，每个人都充满梦想，并且有足够的理由为此前行。当奋斗成为乐趣，一切都会成为可能。而在此时，选择如何做就尤为重要。

　　因为自己心中的枷锁，我们凡事都要考虑别人怎么想，别人的想法深深套在我们的心头，从而束缚了自己的手脚，使自己停滞不前。正是因为自己心中的枷锁，我们独特的创意被自己抹杀，认为自己无法成功，难以成为配偶心目中理想的另一半，无法成为父母心目中理想的孩子、孩子心目中理想的父母。然后，开始向环境低头，甚至于开始认命、怨天尤人。

　　在美国，迪斯尼乐园里，有一个黑人小孩儿，一直盯着卖气球的老爷爷不断的吹出各种五颜六色、大小、形状都不一样的气球。心里想着，他为什么都不吹黑色气球，是不是黑色气球不会飞，所以老爷爷才没有吹出一个黑色气球。最后实在忍不住了，小孩就走过去问那卖气球的老爷爷说："是不是黑气球不会飞，所以你从来都不吹黑色气球。"

　　老爷爷听完小孩的问话后，笑着回答说："气球会飞不是因为颜色，而是它里面充满了气。"

　　说着顺手拿起一个黑色气球，将它充满了气送给了黑人小孩。并对他说："你可以自己试试黑色气球是不是真的不会飞。"那个小孩开心地拿过气球，小手一松，黑气球就飘起来了。在蓝天白云的映衬下，飘舞的黑气球形成一道别样的风景。

　　听了老爷爷的话使这个小男孩增添了自信,从此,他再也不因为自己是黑人而自卑了。后来,这个叫基恩的黑人小孩靠着自信和不懈的努力,终于成了美国著名的心理医生。

　　"气球会飞不是因为颜色,而是因为它里面充满了气"。相形之下,人会成功也不是因为肤色、学历、背景,而在自己是否充满了不服输,不甘心的争气,自卑会使人泄气,等待别人鼓励与同情会使自己变得小气,唯有透过学习来为自己打气提升能力,你自然就会有自信,有了自信,那么你正是那充满了气的气球!

　　有一个小男孩,刚出生就被父母遗弃了,一直生活在孤儿院里。他非常悲观,总是无精打采地问院长:"院长,你说人活着究竟有什么意思呢?"院长总是笑而不答。

　　有一天,院长交给小男孩一块石头,说:"明天早上,你拿着这块石头到菜市场上去卖,但不是真卖,记住:无论别人出多少钱,你都不能卖。"

　　第二天,小男孩就拿着石头来到市场上,找了一个角落蹲下来。过了没多久,就有不少人对他的石头感兴趣。第一个人说:"小孩,3 个金币卖不卖?"

　　另一个人则说:"我出 5 个金币!"第三个人大喊:"卖给我,我愿意出 10 个金币!"价钱越抬越高,小男孩其实已经动心了,10 个金币对他来说是多大的一笔财富啊!可是,小男孩牢牢记着院长的话,怎么也不肯卖。

　　回来后,小男孩兴奋地向院长报告了这天的事情,院长说:"明天你再拿到黄金市场去卖。"

　　第三天,在黄金市场上,有人竟然肯出比昨天高 10 倍的价钱来买这块石头。小男孩还是没有卖。

　　第四天,院长叫小男孩把石头拿到珠宝市场上去展示。结果，石头的身价又长了 10 倍，而且由于小男孩怎么都不肯卖，一传十，十传百，竟被传为"稀世珍宝"。

最后，小男孩兴冲冲地捧着石头回到孤儿院，把这一切都告诉了院长，他问："为什么会这样呢？它只是一块很普通的石头啊！"这回院长没有笑，他望着孩子慢慢说道："孩子，其实生命的价值就像这块石头一样，在不同的环境下就会有不同的意义。这块不起眼的石头，仅仅由于你的珍惜而提升了它的价值，竟被传为稀世珍宝。你不就像这块石头一样吗？只要你自己看重自己，珍惜自己，你的生命就是有意义的，你活着就是有价值的啊。"

人生要敢于冒险

著名哲学家萨特曾说："是懦夫使自己变成懦夫，是英雄把自己变成英雄。"确实，成功总是属于那些具有巨大勇气和超人胆略的人们。

冒险，几乎是所有行事果断的人所热衷的事。敢于冒险，敢于挑战极限，才能体验生命的壮观。世界上没有万无一失的事，在面临选择、面临机遇的时候，要做出决断，就必须要承担一定的风险。勇于走进某些禁区，你会摘到别人所无法想象的丰硕果实，打破束缚敢于冒险的精神正是开拓者的风貌。

三国时期，时局混乱，蜀魏相持不下。魏延曾向诸葛亮提出独到的行兵方案："夏侯茂乃膏粱子弟，懦弱无能。延愿得精兵五千，取路出褒中，循秦岭以东，当子午谷而投北，不过十日，可到长安。夏侯茂若闻某骤至，必然弃城望横门邸阁而去。某却从东方而来，丞相可大驱士马，自斜谷而进，如此行之，则咸阳以西一举可定也。"

这个方案的特点就是以迅雷不及掩耳之势精兵奇袭，直捣长安，再在斜谷大军的配合下，进占扶风、天水诸郡，一鼓荡平泾水以左，削去曹魏的西北屏障。应当说，这是一个很有获胜希望的战略构想。但由于诸葛亮做事谨慎，不愿冒险，否决了这个方案，错失了一次良机。

想要成功就要敢于冒险，冒险不是赌博，也不是碰运气，而是一种经过考察后的积极主动的进取。真正的冒险，不是头脑发热后的冲动，而是经过严谨地思考、周密的计划后进行大胆尝试。

在这个时代中，走得更远的人往往是愿意去尝试，愿意去冒险的人。世界上到处都充满机会，敢于冒险者必然会有丰富收获。

谈到乔治·索罗斯，很多人会以为他是个疯狂的赌徒，而实际上，索罗斯是个非常谨慎的人，他敢于冒险，却从不碰运气。

索罗斯是匈牙利犹太人，小时候受德国法西斯的迫害，跟随父母东躲西藏，过着朝不保夕的日子。

1947 年，17 岁得索罗斯只身离开祖国，来到英国伦敦。生活对他来说，只有艰辛。为了生存他干过无数工作，当过侍者、油漆工、收过苹果。19 岁那年，索罗斯考取了著名的伦敦经济学院。他珍惜这来之不易的学习机会，一刻也不敢放松自己。由于贫困，他不得不一边学习一边打工维持生计。

索罗斯在经济学院毕业后，进入一家证券公司当见习生，他的才华此刻开始显露出来。同时他也迷上了充满刺激的证券交易。很快，他凭借自己的聪明才智和勤奋成了这方面的专家。

1956 年，索罗斯带着自己的全部积蓄，前往美国纽约开创自己的新天地。他以证券分析家的身份，专门给美国的金融投资机构提供欧洲市场的信息和建议。不久，因为成功地做成了几笔大交易，索罗斯声名鹊起。

索罗斯每天都要阅读大量商业报刊，从中寻找那些可能有社会价值和经济价值的内容，他和海内外 1000 多家公司建立了业务联系，每天都要和他们沟通，以便获取重要信息。他每天都要读几十份公司年度报告。索罗斯也关心具体的股票，但他并不关注其近期内的动态，更多的是考虑社会的、经济的、政治的因素会怎样改变产业的未来，从而改变具体股票的命运。

20 世纪 70 年代初，银行的信誉很糟糕，当时的人们认为还会继续恶化下去，银行类的股票无人问津。但索罗斯却发现，银行业已悄然出现变化，很多大学毕业生逐渐在银行里占有一席之地，这些新一代银行家正在解剖银行陷入低谷的原因，并提出新对策。接着，他再仔细观察大银行的经营情况，发觉这些银行业的状况都在好转，其前景将会看好。于是，他马上投入大量资金，购买银行业股票。果然没过多久，银行业普遍出现新气象，股市里的银行业股票迅速上涨。索罗斯趁机把股票套现，他投入的钱增加了 50%。

索罗斯投资十分谨慎，所以他几乎是每战必胜。当别人在市场上追逐某一种股票时，他却在认真分析全球金融市场的复杂形势。他将全世界的金融市场看成一个棋盘，寻找棋局上的破绽，一旦发现机会他就全力出击，像火箭一样射向目标。他永远不会在有利可图时，游手好闲地待在一旁。用他自己的话来说就是"在股票市场上，要随时寻找别人还没有意识到的即将发生的突变"。

1973 年 10 月，当索罗斯看到报纸上有关中东的消息时，看到埃及、叙利亚和以色列的战争已经爆发。当他知道，战争开始时，以色列军队处于守势，损失了大量飞机、坦克，还有数千人伤亡。索罗斯的目光盯着报纸上的文字和照片，脑子却在高速运转：以色列为什么会吃败仗，主要原因是军事装备落后，而他们军事装备是美国提供的，这就是说，美国的军事装备已经落后，这就需要尽快更新换代。这样一来，美国军事工业会有大发展；而现在的状况是，自从开战以来兵工企业大多亏损，并且亏损越来越严重。这类企业的股票都成为"垃圾股"，没有人买。

随后，索罗斯密切关注军工业的发展，又专程去华盛顿与国防部的官员接触，他还找军工企业的承包商一起喝咖啡。一大圈走下来，索罗斯心里有底了：自己的判断是正确的。这时，索罗斯又获得重要信息，一些公司已得到大量订货合同，最近几年利润不会差。于是，索罗斯马上行动。从1974年年中开始，他大量购买军事工业的股票，其中包括"诺斯罗普公司""联合飞机公司"和"拉格曼公司"的股票，他还购买了传闻中即将倒闭的"洛克洛德公司"的股票。

1975年，索罗斯买了许多电子类股票。在他看来，在战争中以色列空军输得很惨，主要原因是其电子对抗设备已经历落伍，而在现代战争中，武器装备的性能要靠的技术水平实际上取决于电子技术水平。可以预测，电子设备公司将得到大的发展。

果然，军工类和电子类企业空前发展，起股票上涨，为众多的投资者所追捧，索罗斯又大大地赚了一把。

索罗斯在总结自己成功的原因时说："我渴望生存，我喜欢冒险，但是我从来都谨慎出击。"

在我们身边，有不少人成功了，但更多的人却是碌碌无为。很多头脑聪明，才华横溢的人，就是因为缺乏冒险的精神，遇事瞻前顾后，不果断地采取行动，错失了很多良机。而具有冒险精神的人，敢于抓住每个改变命运的机会，因此，他们总能得到别人得不到的财富。

但凡做大事，必须要有胆量和魄力才能做得起、撑得住。在现实社会中，一些成功人士，并非因为他们懂得如何做而成功，而是恰恰因为当初知之甚少，顾虑不多，才会将瞬间而至的宝贵机会紧紧地抓住。

自己伸出去的拳头才给力

其实，每个人都有与生俱来的美好特质和潜能。而且有时候，不甘心往往是最好的动力。在任何时候都不要悲观和失望，等待别人的给予，不如相信自己。因为你知道你使出来的壮志拳头打向何方，才是最有力的。

在新泽西，有一位愚钝无比的小男孩，无论老师如何努力地教他，他仍然无法学会从1数到10。无奈之下，老师与同事商量后，决定请他的父亲来学校一趟，好好沟通一下孩子的教育问题。当父亲得知自己的孩子在学校竟然如此差劲时，老师最担心的事情还是发生了。

盛怒的父亲立刻把自己的孩子叫了出来，当着老师的面大声呵斥道："你这么大了，连从1数到10都学不会，将来长大能有什么用？"这个学不会10个数字的孩子眼珠飞快地一转，笑嘻嘻地说："我可以做一个拳王争霸赛上只需要数到9的裁判。"这个小男孩的名字叫布鲁斯·富兰克林。在今天的美国世界体育界，谁都知道布鲁斯·富兰克林是全美职业拳击运动史上最伟大的裁判。

很多时候，我们所遇到的境况都不是那么让人满意，甚至会糟糕，但是关键是看你自己面对这样的境况，是不是愿意做点什么去改变。

贝诺公司是美国20世纪70年代最负盛名的机械制造公司，其设计水平和产品质量在当时都远远领先于同行业其他公司。因此，能够进入这家公司工作成了许多设计人才的梦想。每年都有一大批求职者应聘贝诺公司的设计师和各类技术人员。可是，几乎所有的求职者都遭到了拒绝，他们得到的回复是："我们公司并不缺设计师，更不需缺设计人员，现在没有任何空缺的职位。"

詹姆斯也和其他人一样，在投递了简历后被公司无情地拒绝了。可是，詹姆斯并没有灰心，他下决心一定要进入这家优秀的机工制造公司。苦苦思索了很久，詹姆斯终于想到了一个办法。

他找到这家公司的人事经理，向他提出自己可以无偿为公司工作，不管任何工作，他都会不计报酬来完成。人事经理感觉这样做有些不大合适，他告诉詹姆斯，现在确实没有合适的岗位。可在詹姆斯的再三请求下，他便分派詹姆斯到车间打扫废铁屑。就这样，在这个没有任何技术含量的岗位上，詹姆斯一做就是一年多。由于是免费工作，他每天下班后不得不去酒吧打工，挣些微薄的工资用来维持生活。

第二年春天，公司的许多订单被退了回来，理由是产品质量存在严重问题。如此一来，公司遭受了前所未有的损失。为了走出困境，公司领导召集了各部门的高管共同开会商议解决办法。在会上，大家都低着头，无计可施。此时，会议陷入了僵局。如果质量问题不能有效解决，公司将会遭受严重打击。可是，如何解决质量问题，大家又毫无办法。这时，詹姆斯闯进了会议室。正在开会的高管们将怒火全撒在了詹姆斯身上，纷纷呵斥他赶紧出去。但总经理看了一眼面前这位编外清洁工，他示意詹姆斯坐下，然后笑着问詹姆斯："小伙子，你有什么话要说吗？"詹姆斯将这公司产品之所以出现质量问题的原因做了详细的解释，并对解决这一问题拿出了自己的设计方案。他的设计方案非常详细，也非常实用，在保留产品优点的基础上有效克服了现有了缺陷。

　　这一举动让与会的管理人员大为震惊，他们无论如何也没想到这位清洁工竟然如此厉害，轻而易举地解决了公司所有设计师和技术人员都无法解决的问题。总经理更紧紧握住了詹姆斯的手，激动地说："小伙子，到底怎么回事，我绝不能容忍我的企业让你这么优秀的人才去做清洁工！"面对总经理和公司所有的最高决策者们，詹姆斯将自己免费做清洁工的整个过程详细说了出来。原来，詹姆斯在做清洁工的这一年中，对公司的产品做了详细分析研究，发现了存在的问题并寻找到了解决的办法。听完詹姆斯的诉说，这些管理者们都被詹姆斯的精神所打动。他们一致表决通过，让詹姆斯做上了分管技术问题的总监。

　　当我们际遇不佳的时候，不要抱怨生活，更不要抱怨命运的不公，应该抓紧时间提高自己的能力，为自己日后的成功打下更为坚实的基础。只要你肯努力去改变，主动去为自己做点什么，你总可以看到希望。

　　大多数人所表现的自信要大过我们所意识到的。我们很早便知道相信自己。在你跨出第一步时，你就相信你会走。在你说出第一句话之前，你就相信你会说。因为你先相信，所以你会去完成它。

没有条件就自己创造条件

有一位著名的作家曾这样说过："很多人都给我一个溢美之词——著名作家。其实在小时候，我心目中的作家一直都是很神圣的，只有像巴尔扎克、司汤达、鲁迅这样享誉世界的大人物才能被称为作家。人们称我为作家，还附上一个修饰——著名作家，实在不敢当，直到现在我都从来不敢认为自己是作家。

读高中的时候，语文老师一直认为我的语文水平很差，写的作文错别字多，语句不通顺，还有一大堆标点符号的问题。即便现在，我写的很多东西给我高中的同学看，他们轻而易举地就给我挑出许多毛病，常常弄得我一点信心都没有了。以致后来我写的东西都不敢给他们看，怕打击了自己的信心。而且我从小内向，不喜欢讲话，所以我从来没想过自己能演讲，能在上千人的场所公开演讲，更没想过自己能写书。

后来，当我发现这一切我都能做到的时候，我明白了一个道理。

人这一辈子能否成功，是否有能力是一种社会的判断；但我们真的是否有能力，能否成功又不是社会所能判断、主宰的。"

这位作家的话说得没错。就像 19 世纪美国最伟大的浪漫主义诗人朗费罗说的："我们根据自己认为能做到的事，来判断自己的能力；别人则根据我们已做的事，判断我们的能力。"

也许你的家人、同事、领导会说你的能力就那样，其实他们并不了解你。如果我们每个人不去规划自己的生活，社会就会错估我们的生活。

前面那位作家的老师认为他写作不行，他母亲和朋友都认为他不会讲话，这只是他们的判定，如果作家任由这种判定主宰自己，他也许就被埋没了。但他经过自己的努力，现在生活不是改观了吗？

总有些不得志的人内心深处都觉得怀才不遇，也的确是，我们每个人都有那么大的潜力，当然是怀才不遇。但我们为什么要把希望寄托在"遇"上呢？我们不应该由别人、社会来规划我们的生活，别人往往会错估我们的生活，我们要自己规划自己的生活，自己去寻找发挥自己才能的机会，去寻找激发自己潜能的场所。

记得有本书中曾介绍萧伯纳少时腼腆，害怕在大众场所讲话，还有少许口吃的毛病。在别人眼中他自然是个不会讲话的孩子，但他并没有因为别人的评估而泄气，最后经过努力，不是成了闻名世界的演讲大师吗？我们的才能不是别人能够判断、社会所能理解的，我们所具有的才能是无限量的，是一种宝贵的资源，但它需要被发掘出来，需要我们自己努力去发掘出来。

不是由你规划自己的生活，就是让别人错估你的生活。与其让别人错估，不如自己来规划。在我们无法完全掌握自己的生活之前，我们都是弱势的牺牲者；当我们把生活掌握在自己手中之时，才是创造幸福与财富的真正开始。

齐瓦勃出生在美国乡村，只接受过很短的学校教育。18 岁时，齐瓦勃来到卡内基钢铁公司下属的一个建筑工地打工。当其他人在抱怨薪水太低而消极怠工的时候，齐瓦勃却在默默地积累着工作经验，并自学建筑知识。

一天晚上，同伴们都在闲聊，只有齐瓦勃躲在角落里看书。

那天恰巧公司经理到工地检查工作，经理看了看齐瓦勃手中的书，又翻了翻他的笔记本，什么也没说就走了。

第二天，公司经理把齐瓦勃叫到办公室，问："你为什么要学那些东西呢？"

齐瓦勃说："我想我们公司并不缺少打工者，缺少的是既有工作经验，又有专业知识的技术人员或管理者。我相信不公平只是一种现象，关键是看你怎么看待它。"

经理点了点头。不久，齐瓦勃就被升任为技师了。

有些打工者讽刺挖苦齐瓦勃，他却回答说："我不光是在为老板打工，更不单纯为了赚钱，我是在为自己的梦想打工，为自己的远大前途打工。我必须在工作中提升自己。我要使自己工作所产生的价值远远超过所得的薪水，只有这样我才能得到重用，才能获得机遇。"

抱着这样的信念，齐瓦勃一步步升到了总工程师的职位上。25岁那年，齐瓦勃又做了这家建筑公司的总经理。

这家公司的合伙人琼斯是个天才工程师，一个偶然的机会，他发现了齐瓦勃超凡的工作热情和管理才能。当时，身为总经理的齐瓦勃每天都是最早来到建筑工地。琼斯问齐瓦勃为什么总来这么早，他回答说："只有这样，当有什么急事的时候，才不至于被耽搁。"工厂建好后，琼斯推荐齐瓦勃做了自己的副手，主管全厂事务。两年后，琼斯因故退休，齐瓦勃便接任了厂长一职。

因为齐瓦勃天才的管理才能及认真的工作态度，布拉德钢铁厂成了卡内基钢铁公司的灵魂。因为有了这个工厂，卡内基才敢说："什么时候我想占领市场，市场就是我的，因为我能造出又便宜又好的钢材。"几年后，齐瓦勃被卡内基任命为钢铁公司的董事长。

从这个故事中可以看出，只要你兢兢业业地工作，敢于面对这个世界的不公平，默默地为自己创造条件，最终能有所收获。

我们承认生活是不平等的这个客观事实，但并不意味着这就是一切消极的开始。正因为我们接受了这个事实，我们才能放平心态，找到属于自己的人生定位。

如果你缺乏什么，就自己努力创造。我相信你也曾经祷告或祈求生命出现某种戏剧性的转变。如果此刻你所期望的奇迹还没出现，或者愿望尚未实现，你无须焦虑——请记住：天助自助者。要不要继续发挥所长，努力追求人生的最高目的和梦想，完全取决于你。

第六章

不要被困难所吓倒

　　没有人的一生总是顺风顺水的，痛苦、失败和挫折是人生必须经历的阶段。受挫一次，对生活的理解加深一层；失误一次，对人生的领悟便增添一级；磨难一次，对成功的内涵便透彻一遍。从这个意义上说：想获得成功和幸福，想过得快乐和充实，就要经历失败、挫折和痛苦的磨炼。

世上没有一帆风顺的事业

英国劳埃德保险公司曾从拍卖市场买下一艘船，这艘船1894年下水，在大西洋上曾138次遭遇冰山，116次触礁，13次起火，207次被风暴扭断桅杆，然而它从没有沉没过。

劳埃德保险公司基于它不可思议的经历及在保费方面带来的可观收益，最后决定把它从荷兰买回来捐给国家。现在这艘船就停泊在英国萨伦港的国家船舶博物馆里。

使这艘船名扬天下的是一名来此观光的律师。当时，他刚打输了一场官司，委托人也于不久前自杀了。尽管这不是他的第一次失败辩护，也不是他遇到的第一例自杀事件，然而每当想到这件事情，他总有一种负罪感。他不知该怎样安慰这些在生意场上遭受了不幸的人。

当他在萨伦船舶博物馆看到这艘船时，忽然有一种想法，为什么不让他们来参观参观这艘船呢？于是，他就把这艘船的历史抄下来和这艘船的照片一起挂在他的律师事务所里，每当商界的委托人请他辩护，无论输赢，他都建议他们去看看这艘船。因为在大海上航行的船没有不带伤的。

在大海上航行没有不带伤的船，我们在生活中同样不可能会一帆风顺，难免会有伤痛和挫折。失败和挫折其实本来就是人生不可或缺的一部分。失败和痛苦是上帝与人们的一种沟通方式，好让你知道自己为何失败。迈向成功的转折点，通常是由失败或挫折所决定的。

追求成功的过程中一定充满挫折与失败。你不打败它们，它们就会打败你。任何人在到达成功之前，没有不遭遇失败的。每一个成功的故事背后都有无数失败的故事。伟大的发明家爱迪生在经历了一万多次失败后才发明了灯泡，而沙克也是在试用了无数介质之后，才培养出了小儿麻痹疫苗。约翰·克里斯在出版第一本书之前，曾写过 564 本其他书，并遭到了 1000 多次的退稿，但他并没有灰心放弃，终于在第 565 本书获得了成功，成为英国著名的多产作家。

所以，接受失败，正确对待失败，危机就能成为转机，总会有云开雾散的一天。失误其实也是一种特殊的教育、一种宝贵的经验，换个角度去面对它，可能会有意想不到的收获。

生活中，常常会有我们意想不到的灾难突然降临，仔细想想生活的魅力就是在于克服这些艰难与困苦的过程。一生多磨难，并非都是坏事，因为在困难面前不低头，在逆境中不气馁，勇往直前，遇到的虽然都是挫折与坎坷，但收获的却是勇敢和经历过风浪的从容淡定。

现实生活中，每个人都不必总乞求阳光明媚，微风习习。要知道，随时都有可能狂风大作，卵石横飞，无论是哪块石头砸着了你，你都应有迎接厄运的气度，在打击和挫折面前做个勇者，跌倒了再爬起来，将以勇者的姿态迎接命运的挑战。

在人生的道路上，总会出现许多的坎坷和不平，当我们遇到困难和挫折的时候，我们要用毅力和智慧去征服它，只有这样，才能顺利地到达成功的彼岸。

不要轻易被困难击溃

　　人生路上遭遇的困难并不可怕，可怕的是被困难击倒，从此一蹶不振。任何人都不会永远一帆风顺，我们总会遇到一些困难。困难好比一块试金石，通过一个人对待困难的态度和面对困难采取的行动，就能检验出这个人在成功路上能走多远。最终获得成功的人，与碌碌无为者之间的区别就在于对待困难的态度。

　　在遭受挫败的时候，不断地为自己加油。在遭遇挫折的时候，有些人采取逃避、掩饰的态度，更有些人一遇到挫折，便情绪沮丧，甚至万念俱灰，完全向挫折低头。这种态度对自己是不利的。我们应该为自己加油，冷静分析产生挫折的原因，认真寻找摆脱困境的途径，千方百计地克服困难，勇敢地战胜挫折，这样才能重新燃起希望之火。

　　人生，就要拿得起放得下，若是放下了那些想不开的事情，精神自然就会愉悦，心情自然就会豁然开朗。

　　普拉格曼是美国著名的小说家。可是，很少有人知道，他连高中都没有读完。

　　在他的长篇小说颁奖典礼上，有一位记者问他："普拉格曼先生，您的事业如此成功，能告诉我们您成功的关键转折点是什么吗？"台上的人们都猜想普拉格曼肯定会回答童年时母亲的教训，或是少年时某个老师的悉心指点，或是成年后某次不起眼的机遇等之类的话。然而，普拉格曼的回答却出乎所有人的意料："我生命中最关键的转折是在海军服役的那段日子。"

在众人好奇的目光中，普拉格曼讲述了一件令他终生难忘的事：

那是1944年8月的一个午夜，我在一次事故中受了重伤。舰长命令一名海军战士驾驶一艘小船连夜护送我上岸治疗。不幸的是，由于天色太暗，再加上海上起了风，我们的小船在那不勒斯海迷失了方向。那位护送我的战士非常恐慌，他拔出了枪想要自杀。我急忙阻止他说："你听我说，虽然我们现在迷失了方向，并且在黑暗中漂流了四五个小时，狂风随时可以掀翻小船要了我们的命。但是，我们仍然要有耐心。我坚信，我们肯定能驶出这片海！"其实，我劝告那位战士时慷慨激昂，可我自己的心中早已失去了信心。可是，我刚把话说完，奇迹出现了，就在我们前方不远处，我们看到了岸上灯塔的光芒。原来，我们的船离海岸不到三海里。就这样，我们上岸了，逃离了危险。

普拉格曼说："就在那一夜，就是那座灯塔上若隐若现的灯光彻底改变了我。这件颇具戏剧性的事情使我意识到，生活中有许多事情曾被人们看作是不可逆转的现实。其实更多的时候这只是我们的一种错觉。正是这些看似不可能的东西将我们的生命围住了，我们要敢于冲破它，让生命突围出去。如果一个人永远对生命充满信心，永远都感觉到希望的存在，那即使在最黑暗最危险的关头，我们也能看到希望的曙光。"

二战后，普拉格曼想要成为一名作家。于是他开始了疯狂的写作和疯狂的投稿。最初，他投出的稿件被一次又一次寄回，收到了一封又一封出版社的退稿信，就连身边的朋友都认为他根本不适合写作。每当他想要放弃的时候，他就会想起多年前的那个晚上，想起灯塔上的那点"希望之光"。他知道，生活中的挫折不管有多少，无论有多少"围墙"在围困着自己，自己都要挺直胸膛，突破重围，闯出一片属于自己的天地。

终于，他的生命突出了重围。他不但成了作家，而且成了世界知名的大作家。

普拉格曼用自己的亲身经历告诉我们：不管在人生的道路上遇到怎样的"包围"，都要满怀着希望与热情，走出一条属于是自己的路，让自己获得新生，用自己的执着让自己突出重围，用自己坚强的意志迎接辉煌的未来。

遇到失败或是挫折并不可怕，关键的是你如何对待挫折，不能一遇到挫折就心灰意冷、一蹶不振。古人云：天欲降大任于斯人也，必先苦其心志，劳其筋骨，饿其体肤，空乏其身，行拂乱其所为，所以动心忍性，增益其所不能。所以，在人生的道路上，我们要学会勇于面对挫折，不畏艰难，凭着坚强的毅力去拼搏，追求明天的成功。

遇到困难不要放弃，不要蛮干，也不要逃开。请评估情势，寻找解决方案，并且相信：无论发生什么，都是为了最终的美好结果。耐心是基本的。你撒下种子，经历暴风雨，然后等待丰收。请相信每个阻碍都有作用，然后去寻找最好的解决方案。

1890 年 7 月的一天，在奥维尔小镇外的麦田旁，37 岁得梵高正懊恼地对着麦浪发呆。他始终弄不明白，自己倾尽心血的画作，在那些收藏家眼里怎么就如同一张张被揉成一团的算术纸，一文不值。

梵高画布上的色彩总是特别鲜艳。他的画，以蔚蓝色天空与橙红色河岸为背景，衬托出一辆马车越过吊桥的场景。他画出来的树，似乎"可以再发出一百棵树苗"。他善于抓住落日来点缀化境，他画的向日葵看上去仿佛会放出光芒。

当时，上流社会的人不能理解梵高的画所表达的意向，他们以为他只是在粗糙、懒散地涂抹，一个上流社会的少妇看到梵高的油画，双眉一挑，不屑地说："我很难把这种东西称之为艺术。"面对讽刺，梵高也没有放弃自己的追求。

可惜，梵高的画一直无法得到上流社会和收藏家的青睐，他那些优秀的画作在上流社会人士的眼中犹如一张张废纸。一次次的失败，使梵高日渐变得愤世绝望。这时他失去了对自己的正确评价，开始承认自己是以为彻头彻尾的失败者。他再也不敢面对这个世界了，他决定离开人世，让疲惫不堪的心得到永久的安息。

在他自杀身亡几年后，巴黎、伦敦、纽约……许多著名的大博物馆为得到梵高的一幅画而荣耀不已。在拍卖行，梵高的画价格一涨再涨，达到了世界绘画艺术的最高价格。不少富有的收藏家为得到梵高的一幅画而费尽心机。

梵高的作品身价倍增，其中的《鸢尾花》为5330万美元，《向日葵》为3985万美元，《在圣雷米的收容所和小教堂的景色》为2000万美元。然而这一切，梵高再也可能看到了！

一切苦难到最后都会消失，旧的去了，新的再来，在不久的将来，新的也会变成旧的，循环往复。在面对苦难的时候，千万不要浪费时间，更不要按照别人的意愿去活，而是要跟着自己的感觉和勇气，你的直觉是怎样的，你想要成为怎样的人，你想以怎样的方式继续下去，在苦难以后，你将会收获些什么……这些，才是最重要的。

找到自己的备份

2002年1月的一个晚上，对日本著名钢琴家馆野泉来讲，是有生以来最痛苦难过的一天。他正在弹奏钢琴时，突发脑出血，一头栽在地上，从此右半身瘫痪。还好并没有危及生命，最初的几个月，馆野泉倒是比较乐观的，他认为自己恢复一段时间以后就可以重登舞台了，他那神奇灵巧的右手将可以再次把爱德华·格里格和让·西贝柳斯的音乐弹出别样的浪漫。

可惜事与愿违，将近一年的时间，他的右手都无法动弹，对一个钢琴家来讲，失去右手，几乎就意味着从此失去了音乐的演奏能力，这让馆野泉沮丧不已，心情越来越失落。他的芬兰妻子玛丽亚有一天悄悄对馆野泉说："何不试试你的左手？"左手？馆野泉愣了一下，就像有的人是左撇子一样，音乐界也有为数不多的一些曲子是专为左手演奏者谱写的。

架不住妻子的劝说，他答应尝试一下。结果，拿出英国作曲家弗兰克·布里奇为一位在一战中失去右手的朋友谱写的曲子，馆野泉开始弹奏起来，完全沉浸在音乐中，忘记自己是用单手演奏。

从此，馆野泉就开始用自己的左手演奏，不过，许多左手乐谱都很短，不适合音乐厅演奏。馆野泉请几个老朋友帮忙，包括音乐系学生，也积极参与，创作了约30首适合左手演奏的曲目。

他又重新回到舞台，每年举办几十场演奏会，乐曲都是作曲家为他的左手量身定做。每次演奏，他坐在与钢琴等长的特制凳子上，以便左手覆盖整个钢琴键盘。他已拍摄了好几部纪录片，甚至还跟日本皇后美智子共同弹奏过一曲二重奏。

2006 年，在他中风四年后的一次演唱会上，完全沉浸在音乐魅力中的他突然用右手碰了一下键盘——他已经忘记了他是一个右半身瘫痪的病人。突然，他的右手真的能敲击键盘，伴随左手把一曲曲子弹完了，虽然有些生涩，但奇迹真的发生了。

馆野泉后来在一场音乐会上说："我用右手弹奏时，有一种春天树叶发芽的感觉。"这时，舞台下坐在观众席上的他的妻子玛丽亚，这位和他相濡以沫四十年的芬兰妻子流下了激动的泪水。就是她告诉馆野泉：上帝都有备份。右手不能动了，还有左手；右半身瘫痪了，左半身还是健康的，只是失去了一半而已。

真的，不管是生活的挫折还是肢体的残缺，我们失去的并不是全部；这世界没有什么东西能让你完全绝望，只要你找到自己的备份，人生的另一扇门就会为你恢复重启。

希望不是可以等来的

机会永远不会留给守株待兔的人，而是留给努力寻找的人。有积极进取精神的人必然懂得，想得到的东西必须自己去努力争取或者为之努力，而不是在原地等待。

有一位名叫卡罗林的美国女孩，她的父亲是波士顿有名的整形外科医生，母亲在一家声誉很高的大学担任教授。这样家庭对她有很大的帮助，可以轻易实现自己的理想。她从念中学的时候起，就一直梦寐以求要当上电视节目的主持人。她觉得自己具有这方面的才干，因为每当她和别人相处时，即使是生人也都愿意亲近她并和她长谈。她知道怎样从人家嘴里掏出心里话。她的朋友们称她为"最好的树洞小姐"。她自己常说："只要有人愿给我一次上电视的机会，我相信我一定能成功。"

但是，她为了达到这个理想而做了些什么呢？她什么也没做，而是等待奇迹出现，希望一下子就当上电视节目的主持人。

卡罗林不切实际地期待着，结果什么奇迹也没有出现。

谁也不会请一个毫无经验的人去担任电视节目主持人。而且，节目的主管也没有兴趣到外面去搜寻人，相反都是别人去找他们。

另一名叫露西的女孩却实现了卡罗林的理想，成了著名的电视节目主持人。露西并没有白白地等待机会出现。她不像卡罗林那样有可靠的经济来源，所以白天打工，晚上在大学的舞台艺术系上夜校。毕业之后，她开始谋职，跑遍了洛杉矶的广播电台和电视台。但是，每一个地方的经理对她的答复都差不多："不是已经有几年经验的人，我们是不会雇佣的。"

但是，她不愿意退缩，也没有等待机会，而是走出去寻找机会。她一连几个月仔细阅读广播电视方面的杂志，最后终于看到一则招聘广告，北达科他州有一家很小的电视台招聘一名预报天气的女主持人。

露西是加州人，不喜欢北方。但是，有没有阳光、是不是下雪都没有关系，她只是希望找到了一份和电视有关的职业，干什么都行！她抓住这个工作机会，动身到北达科他州。

露西在那里工作了2年，最后在洛杉矶的电视台找到了一个工作。又过了5年，她终于得到了提升，成了她梦想已久的节目主持人。卡罗林失败者的思路和辛迪成功者的观点正好背道而驰。她们的分歧点就在于，卡罗林几年当中，一直停留在幻想上，等待机会降临，期望时来运转，然而时光却流逝了。而露西则是采取行动。首先，她充实了自己；然后，在北达科他州受到了训练；接着，在洛杉矶积累了比较多的经验；最后，终于实现了理想。

失败者谈起别人获得的成功总会愤愤不平地说："人家有好的运气。"但事实上，他们不采取行动，总是等待着有一天他们会走运，他们把成功看作降临在"幸运儿"头上的偶然事情。而成功者都是勤奋的人，他们从来都不指望运气的降临，只是忙于解决问题，忙于把事情做好。

如果你还没走到你想要的境界，或是还没实现自己的希望，主要原因很可能出在你身上，而不是你的周遭。负起责任、采取行动吧。然而首先，你必须相信自己、相信自己的价值，不能躲起来干等别人发现你，也不能坐等奇迹或"时来运转"。

不必害怕人生低谷

某学校新开了一门课——《证券投资理论与实务》，由于缺少老师，教务处通过在证券公司任职的刘先生介绍了一位杨姓先生成了他们的外聘老师。

上课第一天，有人向学校反映，刘先生给找的那位杨老师，不是过去唱河南梆子的吗？现在怎么摇身一变成了投资理论家了？对这一情况，学校非常重视，立即找教务处谈话。然后致电刘先生。先生说，对，20世纪70年代杨老师曾在梆子剧团唱戏。

几乎是在同一时间，又有人向学校反映，刘先生给找的那位杨老师前几年在师范大学门口给学生修鞋，现在怎么摇身一变成了我校的老师？教务处又打电话给刘先生。先生说，对，梆子剧团解散后，杨老师曾在路边修鞋。

学校有关人员问刘先生，杨老师到底是个什么人？先生说，杨老师是全市唯一通过股票的买卖成为百万富翁的人。他在证券投资方面最有发言权，别人不了解他，我们了解他。

后来，他之所以又成为证券投资方面的成功者，是因为他不愿再错过人生的失意时刻，他边修鞋，边在师范学院旁听证券知识讲座。最后他悟到一点，股市如人生，到了低谷就不用再害怕了。这些年来，中国的股市有三次跌得让股民失去了信心，有的甚至认为必定崩盘，正是在这3次最低潮的时候，他大量地买进，积极地建仓，成就了他的事业。

于是，他写了一本书，叫《股市人生》，有点类似于个人传记。在序言中，有这么一段话：当股市跌得最惨的时候，恰是入市的黄金时间；同样当命运之神把人抛入谷底时，也是人生腾飞的最佳时节。这个时候谁能积累能量，谁就能在未来获得丰厚的回报；谁若自怨自艾，必定错失良机，等在前面的将会是两手空空和后悔莫及。

一天，49岁的伯尼·马库斯像往常一样，提着公文包去公司上班。在20多年的职业生涯中，他勤勤恳恳、兢兢业业，才做到今天职业经理人的位置上，其中充满了艰辛困苦。他只要再这样工作11年，就可以安安稳稳地拿到退休金了。可是，他万万没有想到，这将是他在公司工作的最后一天。

"你被解雇了！"

"为什么？我犯了什么错？"他惊讶地问。

"不，你没有过错，公司发展不景气，董事会决定裁员，仅此而已。"

是的，仅此而已，他在一夜之间，从一名受人尊敬的公司经理成了一名在街上流浪的失业者。跟所有的失业者一样，繁重的家庭开支迫使伯尼·马库斯必须找到生活来源。那段日子，他常常去洛杉矶一家街头咖啡店，一坐就是几小时，化解内心的痛苦、迷茫和巨大的精神压力。

有一天，他遇到了自己的老朋友——和他一样，同是经理人现在也同样遭到解雇的亚瑟·布兰克。两人互相安慰，一起寻求解决的办法。

"为什么我们不自己创一家公司呢？"

这个念头像火苗一样，在伯尼·马库斯心中一闪，点燃了压抑在他心中的激情和梦想。于是两个人就在这家咖啡店里，策划建立新的家居仓储公司，两位失业的经理人为企业制定了一份发展规划和一个"拥有最低价格，最优选择，最好服务"的制胜理念，并制定出了使这一优秀理念在企业发展中得以成功实践的一套管理制度，然后，就开始着手创办企业。

这就是后来的美国家居仓储公司。仅仅20多年的时间就发展成拥有775家分店，16万名员工，年销售额300亿美元的世界500强企业。成为全球零售业发展史上的一个奇迹。这个奇迹始于20年前的一句话：你被解雇了！

是的，"你被解雇了"是我们每个人在人生旅途中最不愿听到的一句话，但正是这句话，改变了伯尼·马库斯和亚瑟·布兰克两个人的一生。如果不是被解雇，他们无论如何也不会跻身世界500强。如果不是被解雇，他们现在只是靠着每月领退休金度日的老人。

人生如果跌到了低谷，那就说明已经不能再往下跌了，而走出低谷唯一的路就是寻找向上走的路。

从来没有真正的绝境

绝望是心灵的毒药，它会吞噬一个人的意志，腐蚀一个人的斗志。世界上从来没有什么真正的"绝境"，只有心里感到绝望的人。无论黑夜多么漫长，朝阳总会冉冉升起；无论风雪如何肆虐，春风终会吹绿大地。冬天既然已经来临，春天还会远吗？

乐观的人生，永远都不会有真正意义的绝境，横竖，得让自己活着，要不过瘾就死。甜也好，苦也罢，尝出点滋味就不会亏了投生一回的买卖。

曾经听说过这样一个故事：一位旅人，某日行至险峻山道，不慎失足跌下山崖，空谷山风刮耳而过，求生的本能让他抓住了一个悬于崖壁的枯藤，幸免于糊涂摔死。正当他惊魂未定之际，突然，顶上一只硕大的山鼠正在啃噬那一根救命藤，底下是一片"深不知几千几万尺"的漆黑，恐惧让他闭上了眼。但他是个勇敢的旅人，旅途中经历的事早就让他受到了很好的锻炼，恐惧只是在一瞬间袭过他的全身，紧接着他便开始正视自己的处境，环顾四周，无处落脚。他想：对于一个钟情于山水的人来说，这未尝不是一个好的归宿，至少人生的最后一刻也活得相当刺激，而奔波一生所求的不过如此。这样想来，他便悠然起来，甚至对旁边一株红得亮丽妖艳、几乎与他的窘迫境况形成反讽的野梅产生了兴趣。"将死而尚有秀色可餐，岂不快哉！"就在准备品尝这人生最后的滋味时，奇迹竟然出现了：伸手间，蓬松的野梅枝叶下，一块立身的山石突兀而出。

很多时候，人并没有陷入绝境，自断其路的是我们悲观的心。古人云：人生不满百，常怀千岁忧。可见，人如果在绝境时能够潇洒从容一些，说不定就会发现不远处就是"柳暗花明"。

陷入困境中的人，往往是很难看到出路的，但事实上，出路就在你看不到的某个地方等着你，你只要用心去寻找，总会发现的。

智利北部，有一个小村子名为丘恩贡果，村子西邻太平洋，背面挨着阿塔卡玛沙漠。因为地理环境的特殊，来自太平洋的冷湿气流和沙漠上的高温气流常年交融，形成多雾的独特气候。即使这样，这里的土地仍旧干涸，白天颇为强烈的日晒使浓雾很快散去，土地还是一片干旱，没有一点绿色。

一直以来，肆虐的干旱统治着这片土地，毫无生机可言。

有一天，加拿大的物理学家罗伯特进行环球考察时经过这里，他住进了村子。刚开始也没什么特别的发现。突然有一天，他发现了一个奇怪的现象：这里只有一种生物——蜘蛛。

放眼望去，到处都是蜘蛛网，因为没有其他物种，蜘蛛繁衍得几乎到了夸张的地步。可是蜘蛛在这么干旱的地方还能生活得那么好，究竟是什么原因呢？

这个问题引发了罗伯特的好奇心，于是他就开始找寻原因。在显微镜的帮助下，他发现，这些蜘蛛对水分有很强的吸收性，而它们吸收的水分，来自雾气中。原来蜘蛛们生生不息的源泉就来自空气中。

于是，在智利政府的支持和帮助下，罗伯特研发出一种人造纤维网，灵感就来自蜘蛛网。他在当地选择雾气最浓的地方，排起网阵，这样，雾气在其间穿梭的时候，网拦截住水分，形成雨滴，最后会聚到流槽里面，在经过过滤和净化，就变成了新的水源。如今，这种人造纤维网每天都可以拦截一万多升的水，在浓雾季节，效果更佳。这些水足以满足当地人的生活，而且可以用来灌溉土地。就这样，曾经荒凉的荒漠，长出碧绿的蔬菜和美丽的花朵。

在这个世界上从来都没有真正的绝境，一切都不能阻挡追求生存的人的步伐，只要心灵不枯竭，绿洲就会永存。即使遇到困难，我们为什么仍然热爱生命？因为在这些遭遇面前，人们不断挑战自我的愿望被不断放大，奇迹，时刻都可能发生。

人生，不能止步在所谓的绝境、失败、挫折，如果能继续走下去，也就豁然开朗了。人生在世几十载，总不可避免一些跌宕起伏，能在绝境中看到希望，转身继续走下去，才是真正的豁达。

当人们身处绝境的时候，慌乱和放弃都不是正确的选择。只要相信自己，勇于承担拯救自己的责任，才能够柳暗花明；而对自己产生怀疑，失去信心的人，只会使自己在困境的泥潭中越陷越深。因此，当身处绝境时，悲天悯人、伤心欲绝都是不可取的做法，相信自己、拯救自己才是获得重生的关键所在。

最坏的结果也不过如此

罗斯是耶鲁大学的一名刚毕业的大学生，他在冬季的征兵中依法被录，即将到最艰苦也是最危险的美国海军陆战队去服役。

得知此消息的罗斯心中非常不安，感觉世界末日就要降临到自己头上了。回到家中，祖父见他这样闷闷不乐，忙问罗斯到底怎么了。当祖父得知情况后哈哈大笑，他对罗斯说："孩子，这并不是什么坏事，没有什么可担心的。一旦进入海军陆战队，你将会有两个机会，一个是留在内勤工作，一个是分到外勤工作。如果你被分配到了内勤去工作，那就用不着提心吊胆了。"

"可是，万一我被分配到外勤怎么办？"罗斯依然皱着眉头问。

"万一真的被分配到外勤，你同样有两个机会，一个是留在美国本土，另一个是去国外的军事基地。即使是外勤，你被分配在美国本土，仍然不会有什么危险。"

"那如果我没有被分配在美国本土，而是分配到了国外怎么办？"

"那你也用不着担心。因为这样也有两个机会，一个是分配到和平的国家，这些国家的人崇尚和平，国内一直繁荣稳定；另一个是被分配到维和区，这里会稍微危险一些。如果分配到和平友善的国家，你依然可以高枕无忧，这可是件好事啊。"

"如果很不幸，我被分配到了维和的地区呢？"罗斯依然提心地问，"我听说那可会有生命危险啊。"

"哦，别担心，即使真是这样，你仍然有两个机会。一个是平安地度过这段时间，安全返回美国。另一个是不幸在战争中受了伤。如果能够平安归来，即使是去维和地区也没有什么关系啊，你说呢？"

"如果我真的在维和地区非常不幸，受了重伤怎么办啊？"

"你同样有两个机会。一个是通过治疗保住了性命，另一个是因为医治无效而失去生命。如果治得好，这仍然是件值得庆幸的事情，不是吗？"

"那万一真的医治无效我该怎么办啊？"

"那你同样有两个机会。一个是作为一名英雄，你冲锋在前，勇敢地拼杀，为了国家的荣誉而失去了生命。一个是你唯唯诺诺地躲在后面而不幸遇难。我知道，你肯定会选择前者。孩子，你要明白，这个世界上人人都会死，但即使是死也要死得有价值。试想，你以一个战斗'英雄'的名誉来结束自己的一生，还有什么值得遗憾的吗？"

听了祖父的话，罗斯紧皱的眉头终于舒展开了，他的脸上也露出了笑容。

人生永远都有两个机会，你用好的眼光去看，那就是好的，用坏的眼光去看，就是坏的。所以，任何事情都不值得你垂头丧气，把最坏的结果考虑清楚，假如你连最坏的结果都能承受，那么还有什么能够把你压垮的呢？

某家公司规模虽然不大，但是老板非常重视员工的福利，每年都会固定发放三个月的年终奖金。

但是，今年受到大环境影响，公司没有赚钱，还差点赔钱，算来算去，都只能发放半个月的奖金。

老板为此感到非常苦恼，心想员工们听到这个消息肯定会非常气愤。但是他还是决定，请秘书先行告知大家这个坏消息。果真如老板所料，消息发布出去后，所有员工都显得闷闷不乐。

再过几天，到了发年终奖的日子。老板拿着一个个红包全公司发放，以为会听到员工排山倒海的抱怨。不过，奇怪的是，所有的人不但没有丝毫抱怨，领到红包时反而又惊又喜，高兴得不得了！

大家的反应，让老板深感诧异。这时候，秘书悄悄走到老板身边，跟他说："其实，我没有按照您的吩咐，告诉大家今年只有半个月的奖金。我是告诉大家，今年公司不景气，所以不发年终奖了。"

老板诧异地看着秘书："你为什么这么说呢？"

"道理很简单。"秘书笑了，"如果大家预期能跟往年一般，拿到三个月奖金，当他们知道奖金减少，一定会感到非常失望；但如果大家预期一毛钱都拿不到，结果却意外地得到了一笔奖金，当然会非常高兴！"

虽然秘书这么做，耍了点小聪明，但是无可厚非，因为对于每个人来说，期望越高，失落感就会越大，但相反地，当大家都没有期待的时候，有一小笔奖金也是非常让人意外而惊喜的。

做"最坏的打算"不是要我们坐以待毙，而是面对人生的挑战，我们有这种心态，既可以提醒自己不要懈怠，也可以拥有良好的心态去面对恶劣的环境。这样一来，即使最坏的情况出现，我们依然可以从容淡定。而一旦情况稍有好转，我们便可以微笑应对。人的脆弱和坚强，往往由心灵预想的位置所决定。

第七章

失败是为了更好的成功

　　失败其实并不是很可怕的事情，失败了又如何？只要人在，又有何惧？人常言："留得青山在，不怕没柴烧。"如果你能正确面对失败，不被这次的失败所牵绊，认真总结经验，那这次的失败有可能会成为一次机会。

　　成功是建立在一连串的失败之上的。

逆境让人更容易成长

"逆水行舟，不进则退"，有时候为了前进得多一点，我们必须要在逆境中挣扎，因此很多父母家长为了让自己的孩子成长得更加优秀，就会把自己的孩子放到逆境中去磨砺。

大多数人认为，坎坷是成功的最大障碍，也是人世间一切卑微思想产生的根本原因。其实，坎坷从另一方面来说，更是成就个人的关键，挫折和不幸是天才的晋身之价，信徒的洗礼之水，能人的无价之宝，弱者的无底深渊。

正如一位名人所说："逆境中要记住自强不息，要把坎坷和困难变成前进的动力，千万不要让它成为背上的大石头。"

人生在世，谁都会遇到挫折和失败，它能够磨炼一个人的意志，给人以丰富的经验，增强性格的坚韧性并提高其解决问题的能力，引导一个人产生创造性变迁，寻找到更好的人生道路。事实上，那些我们所遇到的困境，常常让我们变得更强壮。你要接受这样的不顺，现在这些阻碍你前进的困难或许就是成就明天的你。

蚕儿为什么作茧自缚？那是为了在痛苦过后放飞自己。古语云：蚌病成珠。痛苦磨炼人同时也能成就人，真正的强者，从来不会因为痛苦而故步自封，不会因为厄运而一蹶不振，在逆境中行走过后，定会收获幸福，体验到生活最真的滋味。

与充满鲜花和掌声的成功相比，失败和挫折总是残酷的，令人难以接受。然而，逆境却比顺境更锻炼人，一个人若不经历失败和挫折，就很难有健全的性格，甚至不可能取得成功。所以，我们一定要正确地面对逆境，把所受的磨难当作财富，勇敢地接受它，终有一天你会发现，成功就有可能。

曾经有悲观主义哲学家说，我们出生时之所以哇哇大哭，是因为我们预知生命必然充满痛苦，至于迎接新生命到来的成人之所以满心欢喜，是因为世间又多了一个来分担他们的苦难。当然，这是消极，负面的论调，人生是苦是乐，都是内心的感受，一切都得靠我们亲自体验，一如挫折，或许遭遇之时会让我们感到痛苦，但正因为有了它，我们才能更加坚强、勇敢。

从前有个悲惨的少年，10岁时母亲因病去世，由于父亲是个长途汽车司机，经常不在家，也无法提供少年正常的生活所需，因此，少年自从母亲过世后，就必须自己学会洗衣、做饭，并照顾自己。然而，老天爷并没有特别关照他，当他17岁时，父亲在工作中不幸因车祸丧生，从此少年再也没有亲人了，也没有人能够依靠了。只是，噩梦还没有结束，在少年走出悲伤，开始独立养活自己时，却在一次工程事故中，失去了左腿。然而，一连串的意外与不幸，反而让少年养成了坚强的性格，他独立面对随之而来的生活不便，也学会了拐杖的使用，即使不小心跌倒，他也不愿请求别人伸手帮忙。最后，他将所有的积累算了算，正好足够开个养殖场，但老天爷似乎真的存心与他过不去，一场突如其来的大水，将他最后的希望都夺走了。少年终于忍无可忍了，气愤地来到神殿前，怒气冲天地责问上帝，你为什么对我这样不公平。上帝听到责骂，现身后满脸平静地反问，喔，哪里不公平呢？少年将他的不幸，一五一十地说给上帝听。上帝听了少年的遭遇后说；原来是这样，你的确很凄惨，那么，你干吗要活下去呢？少年听到上帝这么嘲笑他，气得颤抖地说；我不死的，我经历了这么多不幸的事，已经没有什么能让我感到害怕，总有一天我会靠我自己的力量，创造自己的幸福。上帝这时转身朝向别一个方向，并温和地说：你看，接着他对少年说；这个人生前比你幸运得多，他可以说是一路顺风地走到生命的终点，不过，他最后一次的遭遇却和你一样，在那场洪水里，他失去了所有的财富，不同的是，他之后便绝望地选项择了自杀，而你却坚强地活了下来。

或许，从我们出生，哭出了生命中的第一声时，我们就开始感受到，人生必定充满了泪水与艰辛，但是，也唯有这些艰难，才能突显出生命的可贵与不凡，让我们在撒手人寰的时候笑着离开。其实，许多人的命运都像这个少年一般，经历了种种痛苦与磨难，最后的结果会有所不同，因为每个人的承担磨难的心境不同，唯有经过磨炼的生命才能累程出坚强的生命力，也唯有历经风风雨雨的人，才知道生命的难得与珍贵。

同样面临逆境，有的人跨了过去，功成名就；有的人乃至有些高智商人才，却陷了进去，被淘汰出局。究其原因，就在于他们缺少应对逆境、解决现实难题的能力。

1805 年，欧登塞城的一个贫苦鞋匠家里诞生了一个看上去平凡得不能再平凡的男孩子。他，就是 19 世纪著名童话作家、世界童话之父安徒生。

安徒生小时候由于家境贫穷请不起老师，父亲就给他上课，教他哲理，让他懂得了世间情怀，懂得了怜悯，也懂得了写作。安徒生 11 岁时，父亲病逝了，酷爱文学的他独自一人来到丹麦首都哥本哈根，开始了在艺术领域的拼搏生涯。终于，在一次偶然的机会中，他的才华释放了出来，获得了免费就读的机会，这对于一个家境贫寒的青年是一次多么难得的机会。5 年后，就在

1828 年，他升入了哥本哈根大学。毕业后始终没有工作，主要靠稿费维持生活。1838 年获得作家奖金国家每年拨给他 200 美元非公职津贴。

从此，他开始专注于童话创作，一篇又一篇的优秀作品接连不断地问世，事业一次次达到高峰，但他的生活却一直处于低谷。他的一生都是在逆境中度过的，自幼贫穷，早年丧父，终身未娶，贫穷、孤独、悲痛的窘境无时无刻不在伴随着他；也可以说，他的一生都是在顽强的拼搏中度过的，他不断地与命运周旋、抗争着。他的作品为世间带来了一丝温暖，为孩子们带来了幸福与欢乐，自己生活在寒冷的冬天也在所不惜。

逆境给人才成长制造困难，形成压力，使人才成长备受挫折。但是，正如《菜根谭》中所说：居逆境中，周身皆针砭药石，节砺行而不觉；处顺境时，眼前尽兵刃戈矛，销膏糜骨而不知。久处顺境，易生骄奢淫逸和惰性。而人在身陷逆境时，资源匮乏，精神压抑，成功欲望迫切，成才动机强烈，因此常常能够取得在顺境中难以取得的巨大成功。事实正是如此，豪门子弟多不成器，而出身贫寒者始终处于忧患之中，逆境使人别无选择，逆境给人很大压力，而压力能激发出强劲动力。

放弃之前多坚持一下

率军将太平天国剿灭曾国藩，一辈子打的败仗不计其数。

咸丰四年（1854 年）湘军兵败靖港，曾国藩投水三次，被幕客亲兵力救了。

这年年底，湘军兵败九江，曾国藩"复欲投水"。

咸丰九年（1859 年），湘军惨败三河镇，他的胞弟曾国葆和爱将李续宾阵亡，6000 湘勇除两三百名侥幸逃走者外，全部战死。但曾国藩凭借"屡败屡战"的精神，笑到了最后。

对于大多数的人来说，一、二次打击或许扛得住，一次又一次的如浪潮般的打击，有几个人能站起来？

人生历程中总会遇到许多的事情，考验着你的毅力与耐心。

我们许多的人都有这样的思想，一旦碰到了困难，总是轻易地放过自己，用各种理由来原谅自己。早早地就在困难面前放弃挣扎，唯恐自己受到什么伤害，影响了自己的人生。

开始的时候，人们的梦想与野心十分远大，但是在生活的道路上，并不是时时刻刻都能随心所欲，一定会有碰壁的机会，这是难免的。一旦碰壁了，心情难免沮丧、低落，亲友或同事们的消极批评，更容易使自己受到影响，于是，开始认为自己所定的目标超过了自己的能力。于是，最后便认为自己能力不足，为自己的失败找借口，也会为自己远大的梦想失去信心。

1905 年，洛伦丝·查德威克成功地横渡了英吉利海峡，因此而闻名于世。两年后，她从卡德那岛出发游向加利福尼亚海滩，想再创一项前无古人的记录。

那天，海上浓雾弥漫，海水冰冷刺骨。在游了漫长的 16 小时之后，她的嘴唇已冻得发紫，全身筋疲力尽，而且一阵阵战栗。她抬头眺望远方，只见眼前雾霭茫茫，仿佛陆地离她十分遥远。现在还看不到海岸，看来这次无法游完全程了。她这样想着，身体立刻就瘫软下来，甚至连再划一下水的力气也没有了。

"把我拖上去吧！"她对陪伴她的小艇上的人挣扎着说。

"咬咬牙，再坚持一下子剩下一英里远了。"艇上的人鼓励她。

"你骗我。如果只剩一英里，我早就应该看到海岸了。把我拖上去，快！把我拖上去。"

于是，浑身瑟瑟发抖的查德威克被拖了上去。小艇开足马力向前驰去。就在她裹紧毛毯喝一杯热汤的工夫，褐色的海岸线就从浓雾中显现出来，她甚至都能隐约看到海滩上，欢呼等待她的人群。到此时她才知道，艇上的人并没有骗她，她距成功确确实实只有一英里。

如果你想要多一些成功，就必须远离怯弱，很多时候，失败就差这最后一英里，就是因为没有坚持到下一秒的勇气，才与成功失之交臂。

成功往往产生于再坚持一下的努力中，一个人的一生中会遇到各种各样的困难和挫折，也就会遇到一个又一个需要坚持到下一秒的关口。前进的路上遇到了阻碍，就需要我们咬紧牙关坚持下去，但有很多人却百里路行九十九，在最后的关键时刻功亏一篑。

一位年轻人毕业后被分配到一个海上油田钻井队。在海上工作的第一天，带班的班长要求他在限定的时间内登上几十米高的钻井架，把一个包装好的漂亮盒子送到最顶层的主管手里。他拿着盒子快步登上了高高的狭窄的舷梯，气喘吁吁、满头大汗地登上顶层，把盒子交给主管。主管却只在上面签下自己的名字，就让他送回去。他又快速跑下舷梯，把盒子交给班长，班长也同样在上面签下自己的名字，让他再送给主管。

他看了看班长，犹豫了一下，又转身登上舷梯。当他第二次登上顶层把盒子交给主管时，浑身是汗、两腿发颤。主管却和上次一样，在盒子上签下自己的名字，让他把盒子再送回去。他擦擦脸上的汗水，转身走向舷梯，把盒子送下来，班长签完字，让他再送上去。这时他有些愤怒了，他看看班长平静的脸，尽力忍着不发作，又拿起盒子艰难地一个台阶一个台阶地往上爬。当他上到最顶层时，浑身上下都湿透了，他第三次把盒子递给主管，主管看着他，傲慢地说："把盒子打开。"他撕开外面的包装纸，打开盒子，里面是两个玻璃杯，一罐咖啡，一罐咖啡伴侣。他愤怒地抬起头，双眼喷发着怒火，射向主管。

主管又对他说："把咖啡冲上。"年轻人再也忍不住了，"叭"地一下把盒子扔在地上："我不干了！"说完，他看看倒在地上的盒子，感到心里痛快了许多，刚才的愤怒全释放了出来。这时，这位傲慢的主管站起身来，直视他说："年轻人，刚才让你做的这些，叫作承受极限训练，因为我们在海上作业，随时会遇到危险，这就要求队员身上一定要有极强的承受能力，承受各种危险的考验，才能完成海上作业任务。可惜，前面三次你都通过了，只差最后一点点，你没有喝到自己冲的甜咖啡。现在，你可以走了。"

成功与失败往往是一步之差，如果多坚持一秒钟，就会向成功多迈一步，有时这一步就决定了你的成功与否。遗憾的是，很多人往往是在最后一秒钟的时候放弃了。这一点也是许多人成功的一个重要原因。

许多历经挫败而最终成功的人，他们感受"熬不下去"的时候，比任何人都要多。但是，即使感到"已经熬不下去"时，也要"咬咬牙再熬一次"，虽然是愈战愈败，但依然愈败愈战，终于在最后一刻，看到了胜利的曙光。

所以，我们切记：越想放弃越不能放弃。正如著名作家歌德所说："不苟且地坚持下去，严厉地驱策自己继续下去，就是我们之中最微小的人这样去做，也很少不会达到目标。"

失败是过程而非结果

不同的人对"失败"有截然不同的定义。在乐观而坚韧的人看来，失败意味着仍在征途，目标尚未实现，自己还需继续努力，但绝不意味着他们失去了追求梦想的权力。失败就像在成功的道路上不小心摔倒，或者在攀向山顶的过程中脚底一滑。这些并不能意味着他们不能走到自己的目的地，也不意味着他们永远无法到达山顶。失败只是在前进道路上的暂时阻碍，它只是一个小插曲，它会让人生旅程变得更加丰富和精彩，我们有了更多的回忆，让胜利与成功来得更有价值。

许多能够成功的人，他们之所以能成就许多伟大的事，都由于对上一步的失败并不气馁，而对下一步的来临充满希望。

在生活中，你失败的主要原因，就是你选择了放弃。要知道，失败只是一种表象，最容易迷惑消极的人。只要你不放弃，就有成功的机会。坚忍不拔，勇往直前，积极地迎接挑战，才是正确的人生态度。

世界上没有失败，只有暂时的不成功。

一个人，经历了几年的失败后，他决定创办一个全国性杂志增刊，专门讨论健康与心理的问题。为此他花掉了所有的积蓄，得到的却是无休止的挫折。正当他处于困境，设法解决下一步怎么办的时候，一家大报社提出愿意考虑他的设想，并提供资助。这个消息令他欣喜万分。但是，报社董事们在研究了他两次杂志的样本，与他多次会晤，经过多方考虑后，还是没有接受他。

但他不仅承受了这次失败，而且感谢报社董事们，是他们帮助他进行了一次艰难的选择，他认为："当谈判失败时，一切都非常清爽，没有沮丧，因为我确信这是最佳机会，既然没有谈成功，我再也不抱希望在两三个月内实现梦想了。为了成功，我尽了全力，并且不抱怨什么，只是心中感到，办杂志的事就此结束了。"

他开始写求职简历，结果否定了他的杂志的那家报社任命他为专管销售和交际的副总裁。他们意识到：他具有罕见的热情和洞察力。他们虽然不要他的杂志，却要他本人。

他并不将花在办杂志上的两年视为失败，"我认为那两年相当于运动员用于训练的时间。我成了一个坚强的人，我不把事情都看作障碍"。

"头脑中保存着想象中的成功，这使我扩大了交际范围，接触了许多人。回想起来，我那时学到的每一点都为我今天从事这项新工作奠定了基础"。

用最好的意愿去揣度一切，这种方法确实行之有效。在任何时候都努力促使"正面结果"的产生是利用失败的最有效的工具。

美国商界流传着这样一句话：一个人如果从未破产过，那他只是个小人物，如果破产过一次，他很可能是个失败者，如果破产过三次，那他就可以无往而不胜。

世上的人可以分为3种："平凡"先生、"失败"先生和"成功"先生。把每一个"失败"先生拿来跟"平凡"先生以及"成功"先生相比，你会发现，他们各方面都很可能相似，只有一个例外，就是对遭遇挫折的反应不同。当"失败"先生跌倒时，就无法爬起来了，他只会躺在地上怨天尤人；"平凡"先生会跪在地上，准备伺机逃跑，以免再次受到打击；但是，"成功"先生的反应跟他们不同，他跌倒后，会立即反弹起来，同时会汲取这个宝贵的经验，继续往前冲刺。

成功路漫漫，途中不免挫折，有的人在暂时的失败面前心灰意冷、垂头丧气，没有意志再坚持下去；而有的人则会跨过绊脚石，忘掉曾经的创痛，牢记宝贵的教训，昂首挺胸、斗志高涨地奋战到底。这就是强者与弱者的区别之所在。弱者缺乏强者的勇气与毅力，经受不起风浪的冲击，最终半途而废，而强者全靠着自己的坚韧与勇敢，在重重困难下岿然不动，最终笑到最后。

曾经有位名人说过：有时候，一样东西看上去像绊脚石，但是，你要是可以站上去，它就会变成垫脚石，成就你的高度。失败不是终结，而是新的开始。

把以前发生的所有的事，无论是成功的还是失败的，都看作是激励我们上进的因素。此外，你还可以参考别人的例子，提醒自己任何不利情况，都是可以克服的。虽然爱迪生只接受过三个月的正规教育，但他却是最伟大的发明家。虽然海伦·凯勒失去了视觉、听觉和说话能力，但她却依然取得了伟大成就。

不要被一时的不成功的现象所迷惑，你要切断和过去失败经验的所有联系，消除我们脑海中和积极心态背道而驰的所有不良因素。因为打倒我们的不是挫折，而是我们面对挫折时的消极心态，要有目的地训练自己，让自己在每一次的挫折中，都能激发和挫折对等的积极心态。

正是这种胜利的意志和"我能行，我要去做"的口号让一个穷苦的男孩在经历了连续的、令人沮丧的失败后，终于为纽约市建起了一座最美丽的商业建筑——沃尔沃斯大厦。外国建筑师们宣称，这座位于纽约商业中心的大厦是世界上最美丽的商业建筑物，称它为"童话宫殿""石之梦"。

让这座大厦从梦想变成现实，奉献给世人的正是弗兰克·W·沃尔沃斯。他出生在纽约州的一个小农场上，家境贫寒，除了一个健康的身体和非凡的勇气外，父母没有给到他任何东西，但正是这种特有的勇气令许多美国人实现了自己的目标。他的事业生涯是从一个小杂货店开始的，这个面积不大的商店的业主是纽约大本德车站的站长，商店就开在货运棚的一个角落。他刚开始时的工作是做杂货店店员兼站长助理，没有薪水。在一个更大一点的商店里，他的薪水是每周3.5美金。尽管他坚持不懈地努力工作，但是连续几年来他所能够看到的结果就是失望和失败。虽然他很失望，而且极度贫穷，但是他仍然咬牙坚持，最终的结果是，他建起了一千零五十个百货连锁店，拥有六千五百万美元资本，为几千个人提供了就业机会，建起了高度超过其他建筑的沃尔沃大厦，拥有让人敬爱的男子气概，成了一个在最艰难的环境下，靠诚实获得成功的典范，他的故事激励着每一个有着成功欲望的年轻人。

曾经有人问一位成功人士是否为失败做过准备时，他回答道："当然了，我从不为失败做准备。任何为失败做好了准备的人，还没等开始就已经失败了一半。"

你是否抱着必胜的目的，咬紧牙关，用坚定的意志去做一件事，你是否在刚开始的时候就打算一鼓作气进行到底，还是抱着走一步看一步的心态，如果没有感到特别大的困难，就继续下去，但如果事情进行的不顺利，你也可以随时找一条退路。以上的态度对于最后的结果至关重要。抱着必胜的信心去做一件事就已经赢了一半，倘若只抱着参与的态度去做，而且为失败做好了准备，那么，他就会像那位哲人所说的那样，还没等开始，就已经失败了一半。

总之，不要担心失败。不要让自己心存消极的想法，天无绝人之路，但现实不会同情消极的人。失败只是一种表面现象，不要被它所迷惑，要想成功，就要时刻想着化不可能为可能，就要在没有机会的地方创造机会。

没有人能够永远成功，也没有人永远失败。当我们遭遇一些挫折时，不要灰心失望，要明白，失败只是暂时的，只要积极面对，继续努力，奋斗不止，定能踏上成功的道路，人生没有什么不可能。

对于任何一个在成功路上艰难跋涉的人来说，都不可避免地要遇到失败。成功者之所以是成功者，就在于他们失败了以后，不是为失败哭泣流泪，而是正确对待失败的打击，并且把失败当作成功的垫脚石。

跌倒了不要急着爬起来，要先找找跌倒的原因，这样站起来才可以避免再次跌倒。

不过，假若一个人没有在失败中不断地总结，吸取以前的教训，那失败也只能是毁灭，而不是一次机会。不总结自己失败的原因，下一次还会在原来的地方跌倒。

错误和失败是迈向成功的阶梯，每一次失败都是通向成功不得不跨越的台阶。有志气、有作为的人，并不是因为他们掌握了什么走向成功的秘诀，而是因为他们在失败面前不唉声叹气，不悲观失望，而是将失败看作人生的一次机会，并为之努力奋斗，所以他们取得了令人羡慕的成功！

因此，失败不可怕，失败之后不能将自己的经验升华，使它在你生命中具有新的价值，这才是最可怕的。生活往往借失败之手，迫使你进行着一次次的探索和调整。然后才让你走向成功。

失败不会是最后的终点，只不过是中途经过的一个小站，我们可能会暂时碰到失败，但决不会改变自己前进的大方向。具有优秀品质的人，总是不停地朝着自己的目标前行，如果在到达之前不幸摔倒，就抬起头面向着自己的目标，就像勇敢的士兵即使倒下了，目光仍会面向着前方。

谁都不可以放弃自己

1990年，19岁的他大学毕业后参军当了一名伞兵。在部队里，他工作积极，得到了领导和战友的一致肯定。

两年后，在一次排除炸弹的行动中，他不小心引爆了炸弹。一场巨响过后，他倒在了血泊中。当战友跑过来后，发现弹片撕开了他的肚子，左胳膊骨折，骨盆有18处粉碎，膝盖以下全都炸掉了。

万幸，经过紧急抢救，他终于保住了性命。当他睁开眼睛看到自己的样子时，他痛苦万分，他拉着最亲密的战友哀求："求求你，求求你一枪打死我吧。现在这个样子，活着没有任何意义，我想还是死了算了……"

战友看着安慰了他几句，含泪退出去了。

在这之后的四年中，他不断接受着各种康复手术，可身上残废的地方依然没有根治。命运似乎在对他开了个玩笑，总是给无数次给他希望，又无数次让他失望。后来，他安装了假肢，可以试着行走了。他想："既然生命选择了我，我就要勇敢地活下去。虽然我一生再也不会像正常人那样行动，但我依然要享受生活。对，享受生活，这也许就是生命的意义吧。"于是，他开始变得乐观起来，每天跑步、登山和滑雪等，在不断在运动中享受着快乐与刺激。

2000年，在一次慈善的募捐活动中，他又试着跳了一次伞。虽然这次只有40秒，但他却在跳伞中感受到了一种久违的亲切。

在天空飞翔的那一刻，他感觉自己与健全人没什么两样。从此，他每天都练习跳伞。一年下来，他跳伞的次数达到了700多次，技术较之于以前更加娴熟了。另外，他还结识了一个同样喜欢跳伞的女孩并同她结了婚，而且他们的婚礼也是在空中举行的。

2003年，他参加了跳伞比赛，并轻松夺冠。他在接受采访的时候说："这次比赛让我感觉自己是个有用的人，我渴望战胜任何对手。"

在这之后的几年中，他练习得更加卖力了。

2010年英国自由式跳伞比赛中，39岁的他战胜了所有对手成功获得冠军。

他的名字叫阿利斯泰尔·霍奇森，是一个从不幸中重新站起来的人。他征服了天空，成了跳伞运动中最优秀的运动员。他曾深情地说："我很庆幸自己能够获得今天的成绩。我想告诉那些对生命失去信心，对人生不抱任何希望的人，不管遭受多少打击与不幸，只要没有失去勇气，只要抱着一颗快乐而平静的心去奋斗，去争取，你总有一天会获得成功。"

不管面对怎样的困难与挫折，也不管遭遇了多少打击与不幸，只要抱着坚定的信念，乐观积极地面对面人生，就会在不断克服困难的过程中感受到快乐，寻找到自信。在这个残酷的世界中，只要不放弃自己，才能最终成就自己。因为真正能够帮你的，只有自己。

肯定自我的需要常常会受到自卑和自我意识的破坏，最佳的解决方法就是积极地行动起来，建立强大的自尊。在任何时候，都不要放弃自信，要勇敢地肯定自己。

大家都知道贝多芬是个世界闻名的音乐家，可是很多人都不知道，贝多芬在学拉小提琴的时候也有过失败的经历。当时，他宁可拉他自己作的曲子，也不肯做技巧上的改善，他的老师批评他说："你以后肯定当不了作曲家。"

歌剧演员卡罗素的声音为很多人熟悉。但当初他的父母希望他能当工程师；而他的老师对他的评价则是："他那副嗓子是不能唱歌的。"

达尔文当年决定放弃行医时，遭到父亲的指责："你放着正经事不干，整天只管打猎、捉狗捉虫子的。"达尔文自己也曾说过："小时候，所有的老师和长辈都认为我资质平庸，我与聪明是沾不上边的。"

爱因斯坦直到4岁时，才学会说话，7岁才会认字。老师给他的评语是："反应迟钝，不合群，满脑袋不切实际的幻想。"为此，他有了退学的经历。

法国化学家巴斯德在读大学时表现并不突出，他的化学成绩在全班同学中排到最后。

牛顿在小学时成绩很糟糕，曾被老师和同学嘲笑为"呆子"。

《战争与和平》的作者托尔斯泰读大学时因成绩太差，而被劝退学。老师评价他说："既没有读书的头脑，又缺乏学习的兴趣。"

试想，上述成功者如果不是坚持自己，肯定自己，那么，世界上岂不是会少了很多璀璨的明星。所以，一定不要放弃自己，要相信自己的能力和自己的判断，找准自己的位置，该坚持的时候一定要坚持，也许再下一步就是一片艳阳天！有关研究结果揭示出，那些积极肯定自己的人，正是可以在人生中得到丰厚回报的人。

不要为自己的失败找借口

为自己的失败寻找借口的人一般都不承认自己的能力有问题。借口是他们为掩饰自己的弱点而寻求开脱的理由，也是人们掩饰自卑的防弹外衣。

有人说，人最能找的东西就是借口。确实，在我们的日常生活中，经常听到很多借口：上学迟到了，会有"闹钟没电了"的借口；工作出了差错，会有"这台电脑太破"的借口；事情没按时完成，会有"这事太复杂、时间太紧"的借口……

也有的人活了大半辈子还一事无成，于是拼命为自己的失败找借口，告诉自己，也告诉别人：他的失败是因为别人扯了后腿、家人不帮忙，或是身体不好、运气不佳等。总之，他们可以找出一大堆理由。

另外，我们在逛街时，常常听到有些店员跟同事们抱怨顾客爱挑剔、不好伺候，等等。这也许是事实，可是其他店员为什么很少抱怨？可见，这只是他为掩饰自己的服务质量低、态度差的一种借口。至于有些主管，总是无端挑剔下属的报告字迹不端正、送交不准时，无非是不愿承认自己不如下属，眼红下属能力比自己强而已。

失败者大都喜欢找借口，成功者却拒绝找借口，你这辈子要想有所作为，就要向一切可以作为借口的原因或困难挑战。富兰克林·罗斯福因患小儿麻痹症而下身瘫痪，他是最有资格找借口的。可是他从来不找任何借口，而是以信心、勇气和顽强的意志向一切困难挑战，居然冲破美国传统束缚，连任四届美国总统。他以病残之躯在美国历史上，也在人类历史上写下了辉煌的成功篇章。

看看别人，再审视自己，难道我们不应该找出自己身上失败的因素，加以克服和改正吗？为了更好地摒弃"借口症"带来的不良影响，你可以自己检讨，也可以请别人检讨。自己检讨是主观的，有正确的，也有不正确的；别人检讨是客观的，当然也有正确的和不正确的，互相对照比较，差不多就可以找出失败的真正原因了，这些原因一定和你的个性、智慧、能力有关。你不必辩白，应该好好看待这些分析，诚实地加以面对，并自我修正，让你这辈子的生活从此改观。

此外，还有"运气"借口、"健康"借口、"出身"借口、"人际关系"借口等。希尔在他的《思考致富》里将一位个性分析专家编的借口表列出来，竟然有50个之多。希尔说："找借口解释失败是全人类的惯常做法。这种做法同人类历史一样源远流长，且对成功有着致命的破坏力。"

当你面对失败时，不要寻找借口，而应找出失败的原因和解决问题的方法。

为自己的失败寻找借口的人一般都不承认自己的能力有问题，固然有很多失败是来自于客观因素，是无法避免的，但大部分失败却都是因主观原因造成的。

生活中总有这样的人，他们在失败之后给自己找出无数的借口，不愿意承认失败是因为自身的不足造成的，不愿意正视自己的错误。而这样的人注定会不断地摔跤，所以我们要学会不找借口，遇到困难的时候先从自己的身上找原因。

有这样一个故事：

有一只色彩斑斓的大蝴蝶常嘲笑对面的邻居———一只小灰蝶很懒惰。

"瞧，他的衣服真脏，永远也洗不干净，总是灰突突的，还有斑点。看看我，一身衣服多漂亮，不论我飞到哪儿，总是人们眼里的宠儿。在公园里，小孩们追着我，单身的男子说'希望将来的女朋友像我一样漂亮'，甚至有几只小蜜蜂追着我不放，以为我是一朵飘舞的美丽的鲜花呢。"大蝴蝶喋喋不休地向朋友们炫耀着自己的美丽，嘲笑着邻居小灰蝶的懒惰与丑陋。

直到有一天，有个明察秋毫的朋友到他家，才发现对面的小灰蝶并非懒惰，而是它本身的衣服就是灰色的，但大蝴蝶却始终坚持自己的观点。

这位朋友只好把大蝴蝶带到医院眼科检查，医生说："大蝴蝶的眼睛已高度近视了。"其他蝴蝶纷纷说："它应该好好反省一下，其实是自己出了问题。"

缺乏自省能力的人就像这只大蝴蝶一样无视自身的缺点，总认为别人出了问题，这种做法对自身的发展十分不利。而一个善于自省的人遇到问题往往会审视自己，从自己的身上找原因，而不是总把问题推到别人身上。

这就像在牌局上，有人输牌了，你就会听到他的各种借口，因为牌不好了、受周围环境影响了，等等。反正他从不说是自己的原因造成了这个结果。这种人只有一种结局：不断输牌。

"失败后，要诚实地对待自己，这是最关键的。只有坦率地处理好为什么失败这个问题，才能使失败成为成功之母。"海厄特这样说。

失败者的借口是最可怜的。任何一个人在人生的道路上都会遇到挫折，从挫折中吸取教训，是迈向成功的踏脚石。真正的失败是犯了大错却未能及时从中汲取有用的经验教训。当我们观察成功人士时会发现，他们的背景都不相同，但他们都经历过艰难困苦的阶段。

拿破仑·希尔深知，成功就是一连串的奋斗，他曾经讲过一个故事：

我最要好的朋友是个非常有名的管理顾问。一走进他的办公室，你就会觉得他仿佛"高高在上"似的。

办公室内各种豪华的装饰、忙进忙出的员工以及知名的顾客名单都在告诉你，他的公司的确成就非凡。

但是就在这家鼎鼎有名的公司背后，藏着无数的辛酸血泪。他创业之初的头6个月就把10年的积蓄花得一干二净，一连几个月都以办公室为家，因为他付不起房租。他也婉拒过无数好的工作，因为他坚持要实现自己的理想。

就在整整7年的艰苦挣扎中，没有人听他说过一句怨言，他反而说："我还在学习啊。这种生意竞争很激烈，实在不好做。但不管怎样，我还是要继续下去。"他真的做到了，而且做得轰轰烈烈。

有一次有人问他："把你折磨得疲惫不堪了吧?"他却说："没有啊! 我并不觉得那很辛苦，反而觉得得到了受用无穷的经验。"

那些功业名就的伟人都受过一连串的无情打击，但他们都坚持到底，才终了获得辉煌成果。

拿破仑·希尔所讲的故事告诉我们，天下没有不劳而获的事情。如果能利用种种挫折与失败，来驱使你更上一层楼，那么你一定可以实现自己的理想。

出现了问题，原因很可能就出在我们自己身上。但在生活中，很多人失败之后怨天尤人，就是不在自己身上找原因。其实，一个人失败的原因是多方面的，只有从多方面入手，找出失败的原因并有针对性地进行自省，才能彻底纠正它。

找借口不但一点用都没有，往往还会让事情变得更加糟糕，如果利用找借口的时间和精力用在找方法上，效果就完全不同了。

当人们不愿意承认自己的弱点时，通常会以巧妙的借口加以掩饰。心理学上将这种借口统称为"合理化"理由。既然葡萄是酸的，所以狐狸不吃葡萄（实际上是吃不到）也就顺理成章了，这就是为了掩饰弱点，而寻找的"合理化"借口。然而，越想掩饰弱点，就越容易露出马脚。

一位哲学家说道："当我发现别人最丑陋的一面正是我自己本性的反映时，我大为惊讶。"还有一位哲学家说："我对自己一向是个谜，为何人们用这么多的时间制造借口以掩饰他们的弱点，并且故意愚弄自己。如果用在正确的用途上，这些时间足够矫正这些弱点，那时便不需要借口了。"

然而，生活中人们因各种借口造成的消极心态，还是像瘟疫一样毒害着我们的灵魂，并且互相感染和影响，极大地阻碍着人们正常潜能的发挥，使许多人未老先衰、丧失斗志、消极处世。这种心态只会导致成功离我们渐行渐远，让我们在消极中荒废一辈子！

在苦难中依然努力

那些成大事者，都是能吃苦耐劳之人。屠格涅夫说："你想成为幸福的人吗？那你首先要学会吃苦。"吃苦对一个人来说，是一种努力的体现，更是人生的一种资本，这种资本会转化为幸福与财富。一个人只有吃得苦中苦，才会成为人上人。

虽然没有人愿意经历苦难，但一个人在苦难中可以磨炼出许多宝贵的品质。

获得诺贝尔奖的挪威作家克努特·汉姆生，曾是移民，一生尝试许多事情均告失败。最后，在绝望之中，他决定把所有失望的故事写成一本书，书名是《饥饿》。没想到这本书让汉姆生赢得了诺贝尔文学奖。从此，来自世界各地登门求稿的出版商络绎不绝，他也名扬四海。

对于作家来说，苦难可以成为他的珍贵的人生阅历，丰富他的见识，加深他的思想。

类似的例子还有美国的著名作家杰克·伦敦。他于1876年出生在加利福尼亚州一户破产农民家庭里。在他10岁左右的时候，父亲就破产失业了。从这时起，他便不得不分担家里生活的忧愁。

他走街串巷当报童，到车站去卸货车，到滚球场帮助人竖靶子……总之，为了活下去，他什么都干，把挣来的每一分钱全部都交给家里。正如他后来说的："差不多在早年的生活中我就懂得了责任的意义。"

14 岁时杰克·伦敦小学毕业，进了一家罐头厂当童工。后来又到麻纱厂看机器，到发电厂烧锅炉。在工厂里，他饱尝了资本主义制度下童工生活的苦难：每天在非人的条件下常常要工作十八九个小时，直到深夜 11 点才能拖着疲劳不堪的身子回家。后来，他回忆这段生活时，愤慨地说："我不知道在奥克兰一匹马该工作多少钟点。"他说自己成了"劳动畜生"。

1893 年，杰克·伦敦 17 岁时，受雇到一条小帆船上当水手，动身到日本海和白令海去捕海狗。海上的生活苦不堪言，可是，这次航海却增加了他的见闻，也磨炼了他的意志，成了他后来写作一系列海上故事的生活基础。不久，他因为"无业游荡"被捕入狱当苦工。

出狱后，他刻苦自学，但由于家里一直太贫穷，他直到 18 岁才上中学。紧接着，又因为生活维持不下去而中途辍学。1896 年，他 20 岁时，靠自修考上了加利福尼亚大学，可是，只读了一个学期，便因缴纳不起学费而退学。

失学后，他一边在洗衣店做，一边开始业余写作，希望用稿费来弥补家用。可是，当时稿费不仅低，而且时常拖欠。有时候他为了马上得到稿费，甚至要跑到杂志社与出版商干上一架。

后来，杰克·伦敦又随众人到遥远的阿拉斯加去当淘金工人。他历经千辛万苦，由于缺乏营养，劳累过度，患了坏血病，几乎使他下肢瘫痪；但是，北方壮丽的自然景色，淘金工人的苦难生活，印第安人的悲惨遭遇，却给他的文学创作提供了丰富的素材。小说《渴望生存》便是收获之一。

苦难的刺激与磨炼，使杰克·伦敦成为一个具有特殊气质的作家。成为职业作家后，他 16 年如一日，每天工作 19 个小时，一共写了 50 本书，其中仅长篇小说就有 19 部。他的作品从一开始就坚持现实主义的原则，充分表现了生命的伟大、人同困难的斗争、人处于各种逆境中的反抗，给 20 世纪初的文坛带来了一股生气勃勃的力量。

对于这些作家来说，苦难本身大大丰富了他们的人生阅历，但即使阅历再丰富，如果在苦难中不努力执著进取，成为一个强者根本就是不可能的事情。

弗兰克曾被纳粹逮捕入集中营，在集中营里险些送命，那时，他失去了大部分的亲人，但是，集中营里的痛苦经历促使他思考，使他明白，人之所以为人，最重要的本质是：人是一种知道价值、了解价值的大小，并追求价值最大化的动物。因为，价值与意义赋予了人生活的动力、生存的目标。一个人只要有所希望，他的人生就会正常地延续；而当一个人完全没有了人生的任何目的与追求，其生命无论存在与否，其生活可以说都已经停止了。

弗兰克在集中营里的最后时光，身体已经被摧残得十分衰弱，随时都有可能倒下死去，而他工作的病室内，每天平均死亡六人之多。他之所以还坚持着活下来，主要是因为他寻找到了活下去的理由，活下去的价值——为了与那远不可及的亲人团聚；为了能尽己所能地帮助难友。不仅如此，弗兰克还有一种更高的形而上的追求——人生的选择与自由。

在他看来，虽然在集中营里的囚犯几乎被剥夺了一切权利与自由，像一群驯服的绵羊任纳粹分子宰割，但人仍旧有一种选择的自由："人'有能力'保留他的精神自由及心智的独立，即便是身心皆处于恐怖如斯的压力之下，也无不同。"弗兰克医生说，在全体俘虏都受到致命的饥饿摧残时，仍然有一些人到各处去安慰别人，并且把自己仅剩的一片面包让给他人。虽然这样的人非常少，却足以说明："人所拥有的任何东西都可以被剥夺，唯独人性最后的自由——也就是在任何境遇中选择一己态度和生活方式的自由，不能被剥夺。"人在集中营这个人间地狱中生活，可以选择当一个告密者，以换取一点可怜的食物；也可以当一个献媚者，以被提拔成一名狱头，苟延残喘地多活一段时间；但是，当然也能够选择做一个心地仁慈者，充实而坚强地活着。这就是所谓选择自己生活的态度与方式的自由。在弗兰克先生看来，即便是在最为悲惨的境况里，这仍然是人不可完全被剥夺的自由。

弗兰克在走出集中营后，并没有消极地度过余生，而是努力创设了"意义疗法"，成为当时继弗洛伊德和阿德勒后的第三大心理治疗流派。他将其后的毕生精力投入帮助痛苦中的心理疾病患者寻找生命的意义。弗兰克说："我们每个人都有自己心中的集中营……我们必须去面对，带着宽容，带着耐心——如同一个真正的人，如同我们现在与将来要成为的那个人。"

弗兰克认为，追寻自己存在的意义是独属于人的原始驱力，而许多去找他进行心理求助的，并非由于有心理疾病，而是他们对所经历所承受的东西寻不到意义，痛苦源自没有价值感的空虚。"知道自己为何而活的人，就能承受几乎所有境遇中如何去活的问题。"意义治疗的目标之一，就是引导患者发现所正经受的痛苦的意义，知道为何要承受，也就能坦然地去承受了。

从上面，我们可以看出，历经了苦难会使我们的精神财富极为富有。如果在苦难中还能够依然不倒地为自己的梦想而努力，那么，历经的所有苦难会增长我们的见识，促使我们深入地思考人生的本质，了解人生的意义，发现人生的真谛，使我们的思想得到大大升华。换句话说就是，在苦难中依然努力的人，才会成为强者。

　　所以，在为自己的梦想奋斗、努力的过程中，不要担心会吃苦头。我们要把吃苦当做一件再正常不过的事情，是经过黑暗的酝酿走向黎明的一个过程，更要永远把一句话记在心底："吃得苦中苦，才能成为人上人。"

　　很多人只看到别人成功的光彩，而看不到他们光彩背后所经历的苦难。一个人所历经的苦难和挫折，都将是他一生中最珍贵的一笔财富。事实证明，一个人所经历的苦难越多越大，那么他取得的成就往往就越大。

你对自己越苛刻，生活对你越宽容

教室外面下着狂风暴雪，好像有无数只疯狂的怪兽在呼啸、厮打。学生们的心底都在叫冷，读书的心思早已打消，一屋子的跺脚声。鼻子被冻得红红的老师挤进教室时，一股寒风趁机席卷而入，墙壁上的《世界地图》一鼓一顿，掉到了地上。这时，往日很温和的老师一反常态，满脸的严肃庄重，甚至冷酷。乱哄哄的教室安静了下来，学生们惊异地望着他。

"请同学们放好书本，我们到操场上去。"

同学们几乎不相信自己的耳朵，问："这是为什么？"

"因为我们要在操场上立正五分钟。"

同学们想："这么冷的天要我们站出去，而且是站在大雪之中，老师是不是疯了？"

尽管老师下了"不上这堂课，永远别上我的课"的"死命令"，还是有几个娇滴滴的女生和几个很壮的男生没有走出教室。

风雪已弥漫了整个操场。篮球架被雪团打得"啪啪"作响，雪粒、雪团弄得人睁不开眼张不开口，每个人脸上好像有刀在划。学生们像一群刚从狼窝逃出的绵羊，再次见到凶神恶煞的狼一样，挤在教室的屋檐下，不肯迈向操场。

老师没有说什么，面对学生们站定，脱下羽绒衣，大声说："快到操场上去，站好。"学生们老老实实地到操场排好了三列纵队。瘦削的老师只穿一件白衬褂，衬褂紧裹着的他更显单薄。学生们规规矩矩地站立着。五分钟过去了，老师平静地说：

"解散。"

回到教室，老师说："在教室时，我们都以为自己敌不过那场风雪。事实上，叫你们站半个小时，你们也顶得住，叫你们只穿一件衬衫，你们也顶得住。面对困难，许多人戴了放大镜，但和困难拼搏一番，你会觉得，困难不过如此……"

学生们很庆幸，自己没有缩在教室里。在那个风雪交加的时刻，在那个空旷的操场上，他们学到了人生重要的一课，那就是：一个人要想成大事，必须要有"吃苦"的精神。换句话，也可以这样说：只有对自己狠一点，才能够成就大事。

当然，这个世界上没有人天生就喜欢吃苦，但是"梅花香自苦寒来"，没有付出就没有回报。我们要获得任何东西，都要经过努力才能得到。有吃苦精神不一定会成功，但是没有吃苦精神，却肯定无法成功。

我们每个人一生中，都会遭遇到很多困难。能否微笑地面对困难，在于你所遭遇困难的次数。经历的事情越多，你往往就会越成熟，更加懂得处理和解决问题的办法。多吃点苦，我们才能在面对困难时，充满克服的勇气。别害怕挑战与难题，因为难题越多，我们越能找出解决方法；更别担心困境，只要我们有突破困境的信心，再险恶的境地我们都能安然度过。

一个人如果想要做出一番事业，就不能"心疼"自己。任何一个人要想做出一番成就，都要对自己"狠一点"、能吃苦才行。

不怕吃苦，在收获梦想的路上我们就没有什么可以害怕的。有人用这样的话激励自己："苦不苦，想想红军长征两万五，累不累，想想革命老前辈。"和战争年代的人比起来，我们的苦就算不了什么了。

我们知道，世上最精致的瓷器，都要经过多次烧烤。没有多次烧烤的瓷器，永远不会坚固和精美。无数事实告诉我们：只有在漫长的烧烤环境中禁得住磨炼的人，才会有可能成功。在生活中，那些怕吃苦、拈轻怕重的人，是很难干出事业、做出成绩的。干事业需要的是泼辣、狠劲，需要"皮实"一点的人。

为了锻炼自己的吃苦精神，我们可以自动自发地给自己"制造"困难，使自己得到提高和锻炼。比如，手头上有诸多棘手的活而自己又犹豫不决，不妨挑选更难的事先做。生活中，一切可以让你感到为难的事情，你都可以用来挑战自己。这样做，当然不是为了"没事找事"，而是为开辟成功之路做必要的铺垫。

我们不能坐等危机或悲剧到来时，毫无准备，手忙脚乱。成功不仅要有明知山有虎、偏向虎山行的勇气，还要经过多次磨难的洗礼，才能够获得。

很多事实表明：你对自己越苛刻，生活就对你越宽容；你对自己越宽容，生活就对你就越苛刻。为了达到目标，我们应该努力让自己成为一个敢于吃苦、不怕吃苦的人。

我们都知道，温室里的花朵是经不起风吹雨打的，这样的生命力是脆弱的。一个人想要成就一番事业，也不能让自己太安逸。安逸的环境会打磨一个人的志气，只有对自己狠一点，历经风雨，才能成为强者，创造出非凡的未来。

解决困难的办法总是会更多

当我们没有退路的时候，唯一值得信赖的就是我们自己，能够拯救我们，改变我们命运的，也只有我们自己。

人的一生中，总会遇到这样或那样的问题，但是思考能帮我们解决生活、工作中的难题。

某地有个"豆子大王"，他的生意非常红火，是远近闻名的富翁。在一次演讲会上，有人问他："我的家乡也有一个人曾经做过豆子生意，但运气不好，前几年在我们那里碰到一次豆子大滞销，导致他亏了好几十万元资产，至今都还没有恢复元气。如果你也碰到这样的情况，你会怎么办？"

豆子大王回答说，最少有三种办法处理：

第一，让豆子沤成豆瓣，卖豆瓣；如果豆瓣卖不动，腌了，卖豆豉；如果豆豉还卖不动，加水发酵，改卖酱油。

第二，将豆子做成豆腐，卖豆腐；如果豆腐不小心做硬了，改卖豆腐干；如果豆腐不小心做稀了，改卖豆腐花；如果实在太稀了，改卖豆浆；如果豆腐卖不动，放几天，改卖臭豆腐；如果还卖不动，让它长毛彻底腐烂后，改卖腐乳。

第三，让豆子发芽，改卖豆芽；如果豆芽还滞销，再让它长大点，改卖豆苗；如果豆苗还卖不动，再让它长大点，干脆当盆栽卖，命名为"豆蔻年华"，到城市里的大中小学门口摆摊和到白领公寓区开产品发布会，记住这次卖的是文化而非食品；如果还卖不动，建议拿到适当的闹市区进行一次行为艺术创作，题目是"豆蔻年华的枯萎",记住以旁观者身份给各个报社写个报道，如果成功可用豆子的代价迅速成为行为艺术家，并完成另一种意义上的资本回收，同时还可以拿点报道稿费。如果行为艺术没人看，报道稿费也拿不到，赶紧找块地，把豆苗种下去，灌溉施肥，三个月后，收成豆子，再拿去卖。

如上所述，经过若干次循环，即使没赚到钱，豆子的囤积相信不成问题，那时候，想卖豆子就卖豆子，想做豆腐就做豆腐！看看，在他充满智慧的设想中，是不是有一种非要把豆子卖出去的激情和智慧？这样的人不成功谁成功？

天无绝人之路，无路可走的人总是那些不下功夫找办法的人。在每个人的工作中，都会碰到一些被人视为畏途的困难和障碍，成功者都会善于发现问题，分析问题并妥善解决问题。所以，我们应该坚强地面对问题和困难，积极地寻找办法，努力地克服这些困难和障碍。

有了问题，你去解决，问题对你来说就是一种机遇。一旦问题得到了解决，你起码在解决这种问题中就获得了成功。当在困境中遇到机遇的时候，要牢牢地抓住。

这就像在牌局中，有的人紧紧抓住了出牌的好机会，有的人却让出好牌的机会白白地溜走。在一个优秀人士的眼中，问题永远不是完成任务的"绊脚石"，而是机遇的"乔装者"。

无论所面对的问题难度有多大，优秀人士所做的，首先是坦然地接受问题，然后对这个问题做出冷静、清晰地分析，积极行动，让隐藏在问题背后的机遇浮出水面。因此每当问题到来，他们总会说："感谢上帝！又有巨大的机遇等着我去发现了。"而不是放下工作，只知逃避、退缩。

英国著名科学家达尔文说："世界上最有价值的知识就是关

于方法的知识。避开问题的最佳途径，便是运用方法将它解决掉。"在生活和工作中，我们之所以会说问题很难，一个重要原因，就是我们没有尽最大努力找对方法。其实，当你真正经过一番努力奋斗，就会知道所谓的"难"，其实只是你自己的"心灵桎梏"。只要不断努力，找对方法，你会发现问题其实也不是什么问题。

美国总统罗斯福曾说："克服困难的办法就是找办法，而且，只要去找，就一定有办法。"罗斯福 8 岁的时候，长着一副暴露在外而又参差不齐的丑牙，谁见了都觉得好笑，所以他总是畏首畏尾，个性内向，不善交际。

当他在课堂上被老师提问的时候，总是站在那里两腿直打哆嗦，牙齿颤动着说出一些含混不清的答案，几乎没有人能听懂。当老师让他坐下时，他才如释重负。

尽管如此，罗斯福从来没有把自己看成一个可怜虫，从未自暴自弃，从不以自己的这些缺陷当做借口使自己疏懒下去，也从未觉得自己不可救药，而恰恰是缺陷激励着他去奋斗。

于是，针对自己的缺陷——他努力加以改正，如果实在没有办法改变，他就极力加以利用。在演说中，他学会巧妙地利用他的沙声、利用他那暴露在外的牙齿，这些本来足以使演说一败涂地的缺陷，后来竟都变成了使他获得巨大成功的不可缺少的条件。

在生活中，我们经常会遇到形形色色的问题，这些问题也往往会带给我们很多创新的想法。如果我们能够针对这些问题，不断地提出自己的想法去解决它，或许这些问题就会变成一个个难得的机遇。

不留后路更能绝处逢生

很多人在开始做事的时候往往给自己留有一条退路，以妨遭遇困难时会陷入绝境。这种做法看似谨慎，其实并不可取，因为人总是有惰性的，当知道自己还有退路时，勇往直前的劲头就没有了，做事情也不会全力以赴了，自己的才华也被"退路"拖没了。所以，给自己留退路的人是很难取得实质性进步的。

秦朝末年，天下纷乱，群雄逐鹿中原。当时，赵王歇被秦军围困在巨鹿，请求楚怀王救援。而秦军强大，几乎没人敢前去迎战。项羽为报秦军杀叔父之仇主动请缨，楚怀王封项羽为上将军。

项羽先派部将英布、王蒲将军率领两万人做先锋，渡过湾水，切断秦军运粮通道。然后，项羽率领主力渡河。渡过了河，项羽命令将士，每人带三天的干粮，然后把军队里做饭的锅碗全砸了，把渡河的船只全部凿沉，连营帐都烧了，并对将士们说："咱们这次打仗，有进无退，三天之内，一定要把秦兵打退。"

项羽破釜沉舟的决心和勇气，对将士们起了很大的鼓舞作用。因为无路可退，所以人人抱着必死的决心去战斗，士气锐不可当。楚军把秦军的军队包围起来，个个士气振奋，越打越勇，一个人抵得上十个秦兵，十个就可抵上一百。经过九次激烈战斗，活捉了秦军首领王离，其他的秦军将士有被杀的，也有逃走的，围困巨鹿的秦军就这样瓦解了。

　　常言道：置之死地而后生。就像破釜沉舟的军队，更有可能决战制胜。同样，一个人无论做什么事情，务必要抱着绝无退路的决心，勇往直前，遇到任何困难、障碍都不能退缩，如果立志不坚，时时准备知难而退，那就绝不会有成功的希望。

　　古希腊著名演说家戴摩西尼年轻的时候为了提高自己的演说能力，躲在一个地下室里练习口才。由于耐不住寂寞，他时不时就想出去溜达溜达，心总也静不下来，练习的效果很差。为了强制自己专心练习，他挥动剪刀把自己的头发剃去一半，变成一个怪模怪样的"阴阳头"。这样一来，

　　因为头发羞于见人，他只得彻底打消了出去玩的念头，一心一意地练口才。这样，一连数月他足不出户，演讲水平突飞猛进。经过一番刻苦的努力，戴摩西尼最终成了世界闻名的大演说家。

　　由此可见，一个人要想干好一件事，成就一番伟业，就必须心无旁骛、全神贯注地去努力，持之以恒、锲而不舍地追逐既定的目标。但是要做到这一点实在不容易，一些人常常战胜不了身心的倦怠，抵御不住世俗的诱惑，因此半途而废，功亏一篑。这时，就要像戴摩西尼那样用强制的方法严格要求自己，不给自己留退路，唯其如此，才能走向成功。

　　正是因为面临这种无退路的境地，人才能集中精神奋勇向前，才能最大限度地调动自己的潜能。只有这样的人，才能从生活中争得属于自己的位置。

　　人都习惯做事时给自己留一条或几条后路，但人有的时候应该敢于断绝自己的后路，因为绝处可逢生，梦想事业成功的人应该具备这样的气魄。

　　美国人詹姆斯出生在一个贫穷的家庭，但他是一个坚持不

懈、勇于奋斗的人。

年轻时詹姆斯一直给别人打工，但他挣的钱连养家糊口都不够。于是，他说服妻子，冒着流落街头的风险卖掉家里的房子，凑足 3000 美元，开了一家机电工程行。几年后，虽然他的公司逐渐壮大，但还是家小企业。

詹姆斯希望公司有更好的业绩，他决定让公司上市，利用社会资金。但华尔街一些有实力的股票承销商都对小公司不感兴趣。詹姆斯要想让那些承销商接受自己的公司实在太难了，但他没有被困难打倒，继续为公司能够上市做着自己的努力。

当詹姆斯办妥成立股份公司的一切法律手续后，还是没有一家证券商愿意承销他的股票，他一下子陷入进退两难的境地，但詹姆斯并没有放弃努力，他决心孤注一掷，自己发行股票，跟华尔街的传统观念搏一把。说干就干，他请他的朋友们帮他到处散发印有招股说明书的传单。

在华尔街的历史上，还没有过撇开承销商而自行发行股票的先例。行家们都断言詹姆斯必然以笑话收场。而就詹姆斯个人来说，他已是骑在虎背上，不得不硬着头皮走下去，因为他根本没有给自己留后路。

詹姆斯和他的朋友们，从一个城市到另一个城市，起劲推销股票。他的离经叛道之举使他在华尔街名声大噪，人们抱着或敬佩、或赞赏、或好奇、或尝试的心理，踊跃购买他的股票，短时间内便卖出 40 万股，筹得一百万美元。

获得资金后，詹姆斯如虎添翼。他奇迹般地兼并了多家大公司，创造了一个全美家喻户晓的现代股市神话。

世界上没有轻而易举的成功，有时候就是要截断所有退路，逼着自己往前走，就能为自己开创一片新天地。破釜沉舟才能让人全力以赴。

人的一生不可能一帆风顺，失败是人生之旅的重要关卡。一个人能否取得事业上的辉煌，能够取得多大的成就，完全取决于他能越过多少关卡，战胜多少困难。成功者就是那些能像剔除荆棘一样，把失败一个个剔除的人。再怯懦的人当他知道自己无路可退的时候，也能立刻变成英勇的战士。那么，一个胸怀大志之人，也应该立即断绝所有的退路。破釜沉舟才能成为强者，如同求生一般迫切而强烈的本能，可以更好地引导你走向成功。

将自己置身于悬崖之上，从某种意义上说，是给了自己一次向生命成功的高地冲锋的机会。正是面临这种后无退路的境地，人才会集中精力奋勇向前，所以，当千载难逢的机会降临到我们面前的时候，当某件事情的发展到了一个生死攸关的时刻，需要有一点破釜沉舟、置之死地而后生的精神。只有这样，才能获得最后的成功。

把自己逼到无路可退时，你就没有了左顾右盼，不会再瞻前顾后，你的注意力会被有力地集中起来，在本能的驱动下，发出几十倍的威力，创造出奇迹。

在生活中，很多人往往会不自觉地犯这样的错误，在做某一件很重要的事之前，他们先为自己准备好一条或几条可以逃避的道路，以便在事情不顺利时，能有一个躲避之所。但是在一般情况下，即使事情再危急，只要打开一扇退却之门，人们就不会发挥出自己全部的潜能。而只有在一切后退的希望都已经破灭的绝境中，人们才能全力拼搏，奋战到底。所以，如果你想化解危机，并最终取得胜利，那么在危急时刻，不妨断绝你所有的退路，将你全部的注意力贯注于你要做的事情上，并始终抱着一种无论遇到什么阻碍都不向后退的决心。

给自己下一道"只许成功不许失败"的死命令，是因为在事情没做之前不要替自己设计千百条退路，退路只会成为你逃避的借口。把退路都斩断，强迫自己向前，永远向着自己的目标前进，你就一定能取得成功。